森林报·春

[苏联] 维塔里·瓦连季诺维奇·比安基/著

童趣出版有限公司编译　人民邮电出版社出版
北　京

图书在版编目（CIP）数据

森林报．春 /（苏）维塔里·瓦连季诺维奇·比安基著；童趣出版有限公司编译．-- 北京：人民邮电出版社，2021.9
（童趣文学：经典名著阅读）
ISBN 978-7-115-56917-2

Ⅰ．①森… Ⅱ．①维… ②童… Ⅲ．①森林—少儿读物 Ⅳ．①S7-49

中国版本图书馆CIP数据核字(2021)第135673号

著：[苏]维塔里·瓦连季诺维奇·比安基

责任编辑：郭 品
执行编辑：林乐蓓
责任印制：李晓敏
改 写：木 之
美术设计：北京绵绵细语文化创意有限公司

编 译：童趣出版有限公司
出 版：人民邮电出版社
地 址：北京市丰台区成寿寺路 11 号邮电出版大厦（100164）
网 址：www.childrenfun.com.cn
读者热线：010-81054177
经销电话：010-81054120

印 刷：三河市兴达印务有限公司
开 本：685×960 1/16
印 张：13.5
字 数：206 千字
版 次：2021 年 9 月第 1 版 2024 年 8 月第 2 次印刷
书 号：ISBN 978-7-115-56917-2
定 价：22.80 元

序　言

教育部颁布的《义务教育语文课程标准（2022年版）》（以下简称“新课标”）中提出，“要激发学生读书兴趣，要求学生多读书、读好书、读整本书，养成良好的读书习惯，积累整本书阅读的经验”。

作为“新课标”第一套示范教材，由教育部直接组织编写的2016年版语文教材（以下简称“部编本”语文教材）做出了两个重要改变：适当减少精读精讲的比例，避免反复操练知识点；名著阅读重在“一书一法”，积累读书方法，摒弃僵化的“赏析体”。

在“新课标”的纲领和“部编本”语文教材的示范下，本套“童趣文学 经典名著阅读”丛书包含“新课标”建议阅读书目，覆盖义务教育学龄段，践行感悟式阅读、综合性点拨，帮助孩子全面提升语文素养。

选本充分体现经典性、可读性和文学性，并且注重多样化，力求做到古典文学与现当代文学、中国文学与外国文学兼顾。在体裁方面，也追求丰富多样，童话、寓言、诗歌、散文、小说、传记、杂文等均包含在内。

中国现当代文学名著均为原版呈现，并首次整理《附表》，将书内异于现代汉语使用规范的汉字单独列出，使孩子既能品读名著的原汁原味，又能巩固字词的最新规范用法，“鱼与熊掌”兼得。

体例上，在正文之外，设置“走近文学大师”“走近文学作品”“导读”“阅读感悟”“自我检测题”等板块。其中，“走近文学大师”“走近文学作品”尤为翔实生动，围绕作品进行立体式内容延伸，重点讲解作品知识和文化常识，运用多种新颖直观的图解整合内容，避免空洞的概念陈述。比如，“作者简介”内容翔实丰富，“一生足迹”采用思维导图，作品特色介绍采用关键词索引，等等。形式贴合内容，读来走心不吃力。“自我检测题”不走题海战术，不与模式化考题重复，以阅读策略为主线设计习题，真正做到“一书一法”，以方法统领知识点。

名著正文中的注解，参照《义务教育语文课程常用字表》《现代汉语词典》，对生僻字词、相关的历史和文化知识等，做了准确精要的注释。名著正文中标注出曾入选语文教材的章节和值得重点品读的段落，引导孩子把握精读和泛读的节奏，点到为止，不以模式化的解读来代替孩子的体验和思考。

期望能通过这套丛书中富有东方审美意味的插图和版式，为孩子营造亲切的母语氛围；通过完备的体例和灵活的点拨，让孩子发现经典作品的内在美；通过千百年来流传的大师作品，帮助孩子找寻奇妙时空里的对话者，在阅读中快乐成长。

插图一

不论兔妈妈在哪里，只要遇到一窝小兔子，都会给它们喂奶。不管它们是亲生的，还是别的兔妈妈生的，都一视同仁。

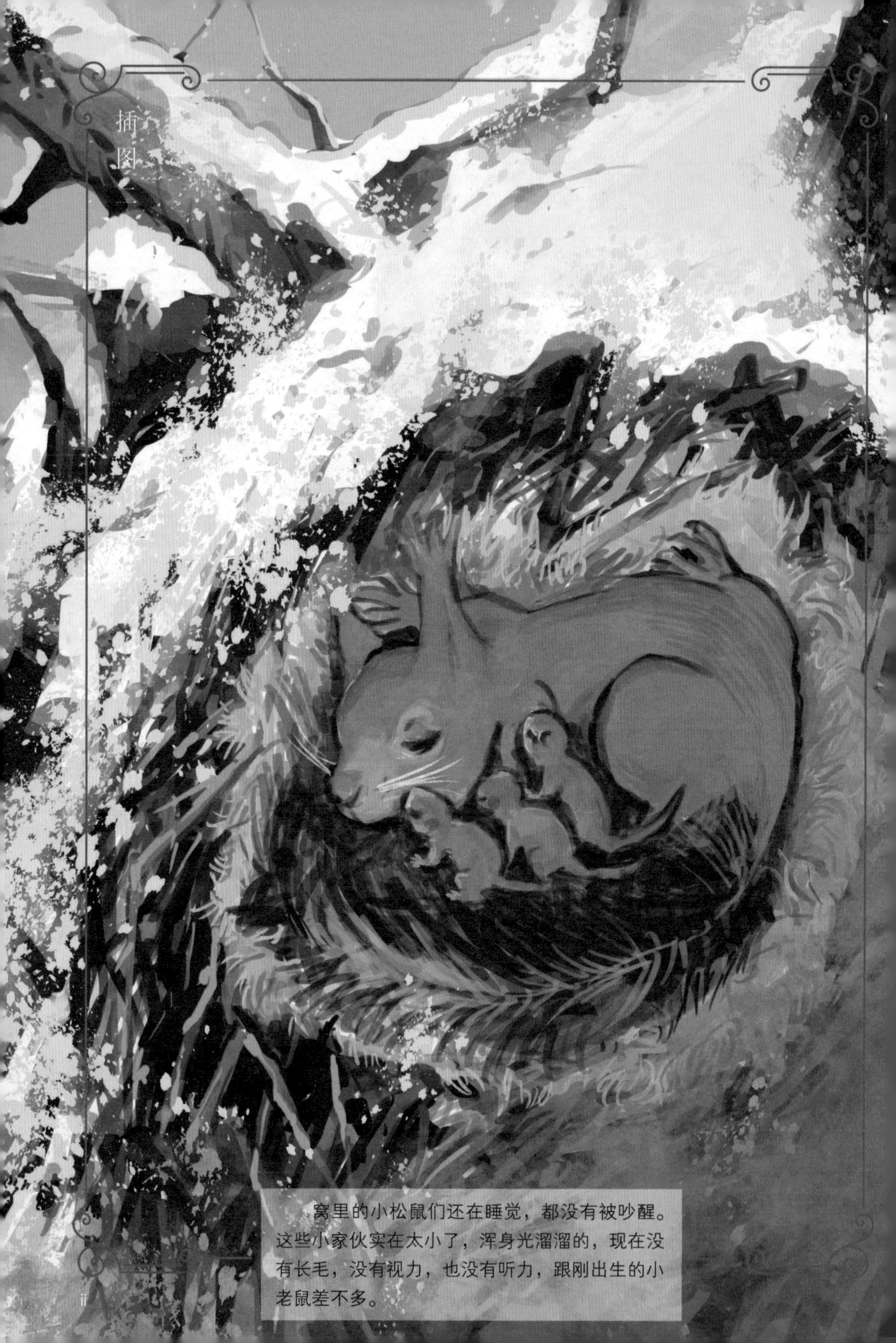

插图二

窝里的小松鼠们还在睡觉，都没有被吵醒。这些小家伙实在太小了，浑身光溜溜的，现在没有长毛，没有视力，也没有听力，跟刚出生的小老鼠差不多。

插图三

猫咪特别喜欢开音乐会，不过，每次都是以歌手们大打出手而匆匆收场。

眼力好的人仔细瞧，就可以看见一大群脖子又直又长的大白鸟正从云彩下飞过。这是一群列队飞行、爱叫唤的野天鹅。

插图五

我们看见母熊张开大嘴巴，舒舒服服地打了一个哈欠，然后向森林里走去。小熊欢蹦乱跳地跟在母熊的后面跑。母熊瘦得皮包骨头。

插图六

冰上躺着一些浅灰色的海豹——它们两肋乌黑，是格陵兰母海豹。它们将在这里，在这寒冷的冰面上生下毛茸茸、白如雪，有着黑鼻头、黑眼睛的小海豹。

在林子的沼泽地里，蔓越莓从雪底下钻了出来。乡下的孩子常常跑去采摘蔓越莓。他们说，越冬的果子比新长出来的果子还要甜呢！

插图八

松鼠跳上离岸最近的那根木头，然后又从那根木头跳到第二根木头上，接着跳上了第三根木头。这只大狗一气之下，也跟着冲了上去。

目录

走/近/文/学/大/师

维塔里·瓦连季诺维奇·比安基

作者简介

维塔里·瓦连季诺维奇·比安基（1894—1959年），苏联儿童文学家、动物学家。在30多年的创作生涯中，他写过大量科普作品、小说和童话。作为苏联大自然文学的代表作家之一，比安基被誉为“发现森林第一人”“森林哑语的翻译者”。他在作品中不仅教少年读者们认识森林的动物和植物，详细地描绘了动物的生活习性、植物的生长情况，还教少年读者们观察、比较和思考，做一个森林的观察者和保护者。

《森林报》是他的代表作，已被译成多种语言在英国、法国、德国、日本和中国等多个国家和地区出版，目前已经有30多个版本，畅销60多个国家（地区）。比安基多年患有半身不遂症，在逝世前他仍然坚持写作，还专门为中国的小读者写了不少作品，是中国小读者的好朋友。除此之外，他创作的《少年哥伦布》《写在雪地上的书》《无所不知的兔子》等同样深受广大读者的喜爱。

一生足迹

1894年
出生于俄国，他的父亲是一位著名的自然生物学家，他从小受家庭熏陶，对大自然产生了浓厚的兴趣。
1913年
成年后，他在乌拉尔河阿尔泰山区一带旅行，沿途记录了所看到、听到和遇到的一切。
1921年
积累了大自然旅行的日记素材，决定当一名作家，开始创作科学童话、科学故事、打猎故事。
1927年
《森林报》出版，比安基正式走上文学创作的道路。
1957年
作品集《森林中的真事和传说》出版。
1959年
患脑溢血逝世。
1961年
《森林报》已再版10次，每次再版都增加一些新栏目。

作者关键词→

· 父亲的陪伴

比安基的父亲是一位著名的自然生物学家，家里养着许多飞禽走兽。受父亲及这些终日为伴的动物朋友的影响，他从小就对大自然的奥秘产生了浓厚的兴趣。比安基还是一名少年时，就喜欢到科学院动物博物馆去看标本，跟随父亲去山上打猎。在很小的时候，他就开始自己打猎了。每逢假期他还会跟家人去郊外、乡村或者海边居住。在那里，父亲教会他怎样根据飞行的模样识别鸟类，根据脚印辨别野兽。

· 勇敢的森林之旅

比安基一生的大部分时间都消磨在森林里。他总是随身携带着猎枪、望远镜和笔记本，走遍一座又一座森林。成年后，他开始在乌拉尔河阿尔泰山区一带旅行，沿途详细记录了他所看到、听到和遇到的一切。27 岁的时候，他已经积累了一大堆日记。后来，比安基决定当一名作家。于是，他开始创作，写科学童话、科学故事、打猎故事……他很擅长在别人看起来普通和平凡的事物中发现新鲜事物。他的童话、故事和小说，为小读者展现了一幅幅栩栩如生的自然图景。

如今，我们生活在钢筋水泥的城市中，对大自然越来越陌生，在森林、河流、湖泊里生活的动物、植物也离我们越来越远。《森林报》恰恰为我们展示了远离人类干扰的大自然生活的原貌，那里隐藏着无穷无尽的奥秘，它们被作者一一揭开。自然生活并非我们想象的那么平静、有序，它们是热闹且生机勃勃的，即便是植物，也在一年四季有不同的生命写照。

作者比安基的描写，让大自然的四季拥有了自己的色彩。阅读《森林报·春》，就仿佛置身于森林深处，让读者重新感受到自然的生命力。

走/近/文/学/作/品

《森林报·春》

内容简介

《森林报》是苏联作家维塔里·瓦连季诺维奇·比安基的代表作，他擅长以轻快幽默的笔调来描写动植物的生活，在《森林报》中，作者采用报刊的形式，以春、夏、秋、冬的12个月为序，分门别类地报道独属于森林的新闻，本书是《森林报》的分册《春》，记录了森林里的新闻事件，其中有森林中的大事记，也有集体农庄及城市的新闻报道，内容丰富，将动植物的生活表现得栩栩如生，引人入胜，堪称大自然的百科全书。

经典角色

鼯鼠

鼯鼠是一种会飞的灰鼠，堪称森林里的跳伞运动员。它的毛色灰灰的，尾巴并不长，尾巴上的毛稀稀拉拉，耳朵像小熊的耳朵，又小又圆，看上去其貌不扬，但是它那双眼睛却如猛禽，大大的，向外凸出来。在试图偷鸟蛋被发现时，它伸开四只小爪子纵身一跳，竟然在半空中滑翔起来，像秋天的一片枫叶似的。

兰花

兰花的根系非常发达，像一只只张开的胖乎乎的小手，紧紧地抓着大地，生怕大风把它们连根拔起。它们开的花都香气袭人，闻了令人陶醉不已。其中蝇头兰非常特殊，它的花心像是停着一只红褐色的“苍蝇”，长着一对如同苍蝇般毛茸茸的短翅膀、小脑袋和触须，但是它的表面非常柔滑，摸起来像是天鹅绒，还布满了浅蓝色的斑点。可能正是花心中有一只“苍蝇”，所以它的名字才叫作蝇头兰吧。

阎虫

阎虫长着六只脚，身体比豌豆稍大一些，圆乎乎的，头顶上长着触须，后背长着一双黑色的硬翅膀，硬翅膀下还隐藏着一对黄色的复翅。最有趣的是，一旦它遇到危险，就会蜷缩起来，把脚收到肚子底下，如同乌龟一般，把头和触须缩进身体里。也是因为这个原因，它还有一个别名叫作小龟虫。只有感觉危险已经过去之后，它才会慢慢地伸出脚，接着探出脑袋，确定完全安全了，它才会把头和触须彻底伸出来。还有一种生活在蚂蚁窝里的黄色阎虫，浑身长着细毛。

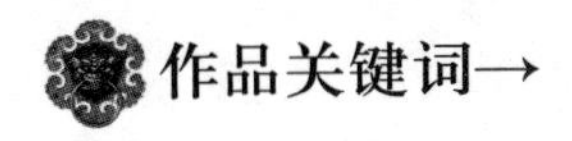

作品关键词→

· 童话体裁的科普作品

科普作品以文字为载体，旨在用通俗的语言向大众普及科学知识。《森林报·春》以动物学、植物学、物候学、地理学等科学知识为依托，具有相当的专业性，反映了俄罗斯地区的动植物在春季的活动与变化。书中还提供了大量观察和研究自然的方法，并附录了许多有趣的科学问答题，堪称“大自然的百科全书”。

作为一部经典的科普作品，《森林报·春》借助童话体裁，赋予动植物以人的情感与思维，这在一定程度上冲淡了科普著作本身的枯燥感，贴合了儿童的阅读趣味，将动植物的活动栩栩如生地呈现出来。童话常采用拟人的手法，具有语言通俗生动、故事情节离奇曲折、引人入胜等特点。而《森林报·春》中的动植物大多都被“人格化”了，拥有自身的思维方式与情感。此外，书中也有大量充满想象力的悬疑故事，如生活在小岛上的兔子在冰河解冻时遇到的曲折的险情，悬疑而曲折的情节扣人心弦，增强了科普著作的故事感。

· 新颖有趣的报刊形式

《森林报》采用报刊的形式，以一月一期的方式来编排新闻。作为一本书，它也具有报刊所具备的新鲜、快捷、活泼、通俗的特质。《森林报·春》主要报道了春季森林中的新闻。每一期都会刊登编辑部的文章、驻林地记者的电报和信件，还有关于森林的故事，也有集体农庄及城市的新闻报道。此外，《森林报·春》的栏目非常丰富，例如“天南地北无线电通报”专门刊发来自苏联各地的报道，“公告栏”则向全体读者征聘优秀的、跟踪能力强的“火眼金睛”，“祝你钩钩不落空”栏目则专门为垂钓爱好者开设。每期故事的最后还设置了“打靶场”，刊登一些图文并茂的知识竞猜题，各种各样的问题不仅增强了趣味性，也能够有效地检测小读者们的阅读效果，力图让他们对自然界有准确而客观的认识。通讯报道的形式与栏目便于事件的追踪，同时能让森林中的故事更有现场感，而征聘与游戏等栏目则增强了图书的趣味性与互动性，有利于培养小读者的动脑和动手能力。

· 关爱自然的人文精神

作为一部科普作品，《森林报·春》全书贯穿着尊重自然、热爱自然的人文精神。普通报纸上刊登的一般都是关于人类、关于城市的新闻，关于森林、关于自然的报道较少。而《森林报·春》则聚焦于森林中的故事，刊登了编辑部的文章、驻林地记者的电报和信件，还有关于打猎的故事。其中驻林地记者既有小朋友，也有猎人、科学家、林业工作者，他们的共同点是都常常到森林里去，且对飞禽走兽和昆虫十分感兴趣。他们会将森林里发生的形形色色的趣闻记录下来，再寄给编辑部。

比安基将自己的人文精神倾注在对自然万物的书写中，这种精神也通过文字传递给小读者们，使他们学会主动观察自然，了解大自然的动植物，熟悉它们的生活习性，研究它们的生活，有利于小读者们从小培养尊重自然、热爱自然的精神，成为珍惜爱护大自然的人。

作品三部曲

· 主题思想

《森林报·春》以春季月份为顺序，有层次、分类别地描绘了发生在森林里的新闻，其中既有森林趣事，也有农庄新闻、城市报道，以新鲜、活泼而又充满生命力的语言，描绘了一个多姿多彩的大自然世界。这部科普作品在展示充满活力、充满乐趣的森林世界的同时，也让小读者们的心更加贴近自然，使小读者们学会思考当下的生态环境，思考人在自然中的位置，思考人与动物、人与植物、人与自然的关系，堪称增强环保意识和生态意识的课外读物。

· 写作特色

作为一部科普作品，《森林报·春》读起来并不枯燥，这归因于比安基独特的创作手法。《森林报·春》以报刊的形式来报道森林中的新闻，以新颖的形式来编排内容。此外，比安基还以幽默活泼、通俗而生动的语言展示了以俄罗斯范围内的动植物为代表的多姿多彩的自然王国。书中多用拟人、比喻、对比等修辞手法来描写森林中的动植物，赋予它们与人类一样的喜怒哀乐的情感，用浪漫的手法编织了一个生动多彩的世界。为了形象地展示春天里森林小动物们的声音，比安基在“森林乐队”一节中使用了大量的象声词，生动形象地展示了森林新闻。

· 作品影响

《森林报》作为闻名世界的科普作品，自 1927 年问世以来，在不到四十年的时间里已经再版过十次，且被翻译成多国语言，在全世界都广受关注与好评。作为一部经典的儿童科普读物,《森林报》以新颖的报刊形式、专业的科学知识、生动的语言表达、童话般的叙述风格受到小读者的喜爱，经久不衰。书中最具价值的部分之一便是作者将自然科学价值与人文价值结合起来，让小读者们学会思考人与自然的关系，集知识、趣味、美感与思想于一体。正因如此，《森林报》成为中国教育部推荐的学生课外读物之一，并在2009年入选新闻出版总署向青少年推荐的百种优秀图书。

经典语录

◎每年都有春天，可是每年的春天都是崭新的，不论你活上多少年，都不会看到两个一模一样的春天。

◎刚才布满整个天空的黑压压、沉甸甸的乌云飘走了，大雪般的云朵飘浮在蔚蓝的天空中。第一批兽崽诞生了。驯鹿和狍子长出了新的犄角。黄雀、山雀和戴菊鸟在森林里引吭高歌。

◎一根根富有弹性的、柔软的灰色小尾巴，从榛树的树枝上垂下来，人们把它们叫作葇荑花序，其实它们并不像葇荑花序。你摇一下这些小尾巴，花粉就会从上面洋洋洒洒地飘落下来。

◎巨型云杉球果在太阳的炙烤下，一个个爆裂开来，发出噼里啪啦的声音，就像玩具手枪发射子弹那样。球果越来越大，鼓开后一下子爆开，就像一个秘密的军事掩蔽所，一旦张开，里面就会飞出很多驾驶滑翔机的战士，它们就是云杉的种子。种子被风托在半空中，打着旋，时而落下，时而升高。

◎阳光穿过它们透明的薄翅，在人们脸上留下无数细小的彩色光斑。空中闪着美丽的光，像彩虹似的。人们的脸也一下子变成了彩色——无数微小的彩虹、日影和亮晶晶的星星在他们脸上跳动着，仿佛有一群彩色的小精灵在人们身上欢快地跳舞。

阅读拓展

比安基从小就向往大自然，成年后他勇敢地踏进大自然深处，仔细观察，坚持记录所看到的动物和植物。凭着他这股毅力和对森林的好奇心，才有了《森林报》。

对大自然感兴趣的你，还可以阅读法布尔的《昆虫记》。昆虫学家法布尔与比安基一样，从小对大自然有着极大的兴趣，他用了30年来完成《昆虫记》。《昆虫记》被誉为“昆虫的史诗”，这本书对多种昆虫的特征、习性、本能和种类进行了生动详尽的描写，是一本严谨且精彩的观察手记。

致读者

——献给我的父亲

瓦连京·利沃维奇·比安基

导读

受父亲的影响，比安基从小就喜欢大自然，向往着在森林里生活。成年后的他，勇敢地踏上了森林探险之旅，追逐自己小时候的梦想。他在森林探险中，记录了沿途的所见所感，还详细地描写了动物的生活习性和植物的生长情况，并按春、夏、秋、冬的四季顺序组合成了《森林报》。

在普通报纸上刊登的一般都是人类的消息、人类的事情。可是，小朋友们也很想知道飞禽走兽和昆虫是怎样生活的。

森林里发生的新闻并不比城市里少。森林里也有工作在进行，也会过愉快的节日，也会发生悲惨的事件。森林里也有英雄好汉和盗贼土匪。可是，城市里的报纸很少报道这些事情。所以，谁也不知道这些在森林里发生的新闻。

比如，哪个人听说过，在我们列宁格勒，在寒冷的冬季，会有没长翅膀的小蚊虫从泥土里钻出来，光着脚丫子在雪地上乱跑？你在哪张报纸上看到过林中巨人——驯鹿之间打群架，看到过候鸟搬家和长脚秧鸡徒步穿越欧洲大陆这些令人发笑的消息？

可所有这些趣闻，在《森林报》上都能读到。

我们把 12 期《森林报》（每月一刊）合编成一部小书。每一期《森林报》都刊登了编辑部的文章、驻林地记者的电报和信件。

我们的驻林地记者都是些什么人呢？他们有的是小朋友，有的是猎人，有的是科学家，有的是林业工作者——他们全是常常到森林里去的、对飞禽走兽和昆虫感兴趣的人。他们把森林里发生的形形色色的趣闻记录下来，再寄给我们的编辑部。

早在 1927 年，《森林报》就有单行本出版发行了。此后再版了 8 次，每次再版我们都会增加一些新栏目。

每期《森林报》都有一个答题游戏，我们给它取名为

“打靶场”。读者们可以比赛答题，看谁回答的正确率高。仔细阅读《森林报》的人，就能轻轻松松回答出大部分问题。每当你“射中”一个目标，就能得两分！

我们建议小读者们组成小组进行竞赛，大声念出问题，每个人把自己的答案写在纸上。不过，请不要马上回答所有问题。比如“长脚秧鸡有多高”这样的问题，最好多思考一下，思考过后再写出答案也不迟。也可以在这段时间里，到草地上走一走，仔细观察一下秧鸡，看看它到底长什么样。

《森林报》是在列宁格勒编辑出版的，是一个地方性报纸。它所报道的事件，基本上都发生在列宁格勒，或者发生在列宁格勒。

可是，我们的国家十分辽阔：在北方的边境上，暴风雪在肆虐，能把人血管里的血液冻住；在南方的边境上，热辣辣的太阳正普照大地，百花盛开；西部地区的孩子们刚刚躺下睡觉，东部地区的孩子们却已经睡足起床了。所以，《森林报》的读者提出这样一个要求——他们不但希望从《森林报》中了解列宁格勒的事情，还希望知道全国各地发生的新闻。为了满足广大读者的要求，我们在《森林报》上开辟了一个栏目，专门刊发来自苏联各地的报道，这个栏目叫作“天南地北无线电通报”。

我们还转载了塔斯社许多有关小朋友们的工作和成就的报道。

我们还开辟了一个“公告栏”，在这个栏目，我们向全体读者征聘优秀的、跟踪能力强的“火眼金睛”。

我们还邀请了生物学博士、植物学家、作家尼娜·米哈伊洛芙娜·巴甫洛娃作为《森林报》的撰稿人，给我们讲讲那些有趣的动植物。

我们的读者应该了解自然生活，这样才能学会改造自然，按照自己的意愿管理动植物的生活。这样，等我们的读者长大了，就能亲手培育出令人惊奇的植物新品种，管理森林，为国家做贡献……

但是，首先要热爱并且熟悉我们的祖国大地，了解、认识生活在我们国土上的动物和植物，熟悉它们的生活习性，研究它们的生活，这样才不会弄巧成拙，造成不必要或者不可弥补的损失。

经过多次审订和增补，在新版的《森林报》（第九版），我们推出了“一年——分12个月谱写的太阳诗篇”，由生物学博士尼·米·巴甫洛娃为我们撰写了大量报道，丰富了“农庄纪事”栏目的内容。我们发表了本报战地记者从林中巨兽搏斗现场发来的报道，还专门为垂钓爱好者开辟了“祝你钩钩不落空”栏目。

本报第一位驻林地记者

很多年前，列宁格勒人和林区的居民经常会在公园里遇见一位白发苍苍的老教授。他戴着眼镜，神情专注，目光十分敏锐，他会仔细地倾听小鸟的每一声鸣叫，会细心地观察每一只飞过的蝴蝶和苍蝇。

我们住在大都市的居民，通常不会那么细心地留意每一只新孵化的小鸟，或者春天出现的每一只蝴蝶。但是，春天出现的每一件新鲜事都逃不过这位老教授的眼睛。

这位教授就是德米特里·尼基福罗维奇·卡伊戈罗多夫。一连五十多年，他都坚持认真观察我们生活的城市和近郊的大自然。在整整半个世纪的时间中，他目睹了冬去春来、夏尽秋始的四季交替。鸟儿飞来了又飞走了，花儿开了又落了，树叶长出了嫩芽又变得枯黄、凋落。卡伊戈罗多夫教授一丝不苟地把他观察到的一切都记录了下来，并且发表在报刊上。

他呼吁所有人，特别是年轻人，去观察大自然，记录下观察结果，邮寄给他。许多人响应了他的号召。他率领的大自然观察大军的人数与日俱增，阵营一年一年壮大起来。

直到现在，许多爱好大自然的人——我国的地方研究员、专家学者、学生们——仍然以他为榜样，坚持不懈地从事观察工作，并且记录和收集资料。

卡伊戈罗多夫教授在五十多年中，积累了大量的观察成果。现在，他把这些资料汇总在一起。多亏了他这些年坚持不懈的工作，加上其他许多不知名的科学家、专家学者的努力，我们才知道春天飞来的是什么鸟，它们会在什么时候飞来，又会在什么时间飞走；我们才知道一年四季树木花草的生长情况。

卡伊戈罗多夫教授为孩子和成年人写了许多关于鸟类、森林和田野的书籍。他自己曾在学校里当过教师，他一再强调，孩子们研究大自然不应该只依靠书本，而应该走到森林和田野里去。

可惜的是，卡伊戈罗多夫教授多年重病缠身，1924 年 2 月 11 日，他来不及赶上第二年春天的到来就逝世了。

我们将永远怀念他。

森林年

我们的读者也许会认为，刊登在《森林报》上的森林和都市新闻都是一些陈年旧事。其实不是这样的。没错，每年都有春天，可是每年的春天都是崭新的，不论你活上多少年，都不会看到两个一模一样的春天。[1]

一年就像一个有十二根辐条的车轮，每根辐条代表一个月，十二根辐条全部滚过去，车轮就滚动了一圈儿。接着，又该轮到第一根辐条转动了。可是，这时候车轮已经不在原地了，它早就前进了好长一段距离。

又一个春天到来了。森林苏醒了，熊从冬眠的洞穴里爬了出来，春水把穴居动物的家都淹没了，鸟儿飞来了，开始在森林里嬉戏舞蹈、欢快地歌唱，野兽也开始生儿育女。于是，读者们又能在《森林报》上读到最新鲜的林中趣闻。

[1] 本书加“~~~~~~”段落均为经典段落，建议细细品读。

我们刊载了每年的森林年历，它和普通的年历并不一样，也没什么可奇怪的。

因为每种鸟儿的生活方式跟我们人类的生活方式都不一样，它们自然有自己独特的历法——森林里所有的动物、植物都是按照太阳的运行来规划自己的生活的。

太阳在天上转了一大圈儿，就是过了一年。太阳走过一个星座，也就是走过黄道带的一宫，就是一个月。黄道带[1]就是这12个星座的总称。

森林年历里的元旦，不是在冬季，而是在春季，就是太阳进入白羊宫的时候。在森林里，迎接太阳的日子，就是愉快的节日；送走太阳的时候，就是要过忧愁的日子的时候了。

我们也按照普通历法的样子，把森林年历的一年分成了12个月。不过，我们根据森林里的情况，给每个月取了一个名字。

[1] 黄道带：又叫黄道宫，指的是太阳、月亮和主要行星在宇宙中运行的路径。古代文学家把它分成12宫（星座），每宫长30度。从春分起，这十二星座依次为白羊、金牛、双子、巨蟹、狮子、室女、天秤、天蝎、人马、摩羯、宝瓶、双鱼。

森林年历

春：一月 3月21日—4月20日 万物苏醒月

二月 4月21日—5月20日 候鸟回乡月

三月 5月21日—6月20日 歌唱舞蹈月

夏：一月 6月21日—7月20日 筑巢孕育月

二月 7月21日—8月20日 雏鸟出生月

三月 8月21日—9月20日 结队飞行月

秋：一月 9月21日—10月20日 候鸟离乡月

二月 10月21日—11月20日 仓满粮足月

三月 11月21日—12月20日 冬客临门月

冬：一月 12月21日—1月20日 小路初白月

二月 1月21日—2月20日 忍饥挨饿月

三月 2月21日—3月20日 期盼春归月

森林报 第一期

春一月：万物苏醒月

3月21日—4月20日 太阳进入白羊座

导读

春分过后，昼夜时长就是一样的了。积雪在阳光的照耀下慢慢融化，被冻住的大地苏醒了，可是森林里的一些草木还睡得十分香甜。飞去南方过冬的鸟儿也要飞回来了，孩子们正准备挂鸟屋迎接它们，春天已悄然而至。

一年——分12个月谱写的太阳诗篇

新年好！

3月21日这天是春分。这天，白天和黑夜一样长：一天中有一半时间是白天，有一半时间是夜晚。这天，是森林里的新年——春天就要来啦!

我们这里有这样的说法:“三月暖洋洋,冰柱命不长。”太阳击退了寒冬,积雪变得松软,出现了许多蜂窝状的孔洞,原本雪白的样子变得灰不溜丢——它再也不是冬天的样子了,它坚持不下去了。一看那颜色就知道,它就要完蛋了。一根根小冰柱挂在屋檐下,化成了水,亮晶晶地往下流,滴滴答答往下淌,慢慢地汇成一个小水洼。街头巷尾的麻雀在水洼里欢天喜地地扑棱着翅膀,想洗掉在羽毛上堆积了整个冬天的灰尘。花园里响起了山雀欢快的银铃般的歌声。

春天,展开阳光的翅膀飞到我们这里来了。不过,春天有严格的工作程序。首先,它解封大地,让每一处的白雪融化,露出土地。这时候,河水还在冰面下沉睡,森林的草木也在积雪下睡得十分香甜。

按照俄罗斯的古老风俗,春分这天早晨,大家都要用白面做烤“云雀”吃。这是一种小面包,人们在面团上捏一个小鸟嘴巴,用两粒葡萄干当作眼睛。按照我们这里的风俗,还要把笼中的鸟儿放生。飞禽月就是从这一天开始的。孩子们个个都在为这些长翅膀的朋友们忙活:在树上挂上成千上万座鸟屋——椋鸟[1]房、山雀房、树洞式人造鸟窝；把树枝交叉捆绑，好帮助鸟儿做窠；为那些可爱的小客人开办“免费食堂”；在学校和社团举办分享会，说说鸟类大军是怎样保护我们的森林、田地、果园和菜地的，谈谈应该怎样爱护和欢迎这些活泼愉快、长翅膀的歌唱家们。

三月里，母鸡可以在家门口尽情地把水喝个够了。

[1] 椋（liáng）鸟：鸟类，性喜群飞，吃种子和昆虫，有的善于模仿别的鸟叫。

林区的第一份电报

白嘴乌鸦揭开春天的序幕

白嘴乌鸦揭开了春天的序幕。白雪融化后露出土地的地方，出现了成群结队的白嘴乌鸦。

白嘴乌鸦喜欢在我国南方过冬。现在，它们匆忙地回到了北方——它们的故乡。一路上，它们会屡次遭遇猛烈的暴风雪。在这漫长的迁徙途中，会有几十、几百只白嘴乌鸦因为体力不支而死在半路上。

最先飞到目的地的一定是身强力壮的白嘴乌鸦。现在，它们正在休息。它们在道路上大摇大摆地踱着步子，用结实的嘴喙在土里刨食物。

刚才布满整个天空的黑压压、沉甸甸的乌云飘走了，大雪般的云朵飘浮在蔚蓝的天空中。第一批兽崽诞生了。驯鹿和狍子长出了新的犄角。黄雀、山雀和戴菊鸟在森林里引吭高歌。我们在等待椋鸟和云雀的到来。我们还在树根被掘起的云杉树下找到了熊洞。我们轮流守候在熊洞旁边，准备一看到熊出来，就向大家报道。一股股雪水悄悄在冰下汇合。树上的积雪融化了，森林里到处都在滴滴答答地滴水。不过到了夜里，寒气又会重新把水结成冰。

林中大事记

导读

大自然是最好的时钟——白嘴乌鸦飞回了北方，揭开了春的序幕；乌鸦小心翼翼地保护着自己刚产的蛋；天气回暖，遭遇雪崩的松鼠，仍不忘窝里刚出生的松鼠宝宝；植物们也长出嫩芽。一切生命都在初春开始了。只有熊还在洞穴里贪睡，没有出来。在神奇的森林里，还有哪些动物苏醒了呢？

第一个蛋

在鸟儿中，乌鸦是最早产蛋的。它的巢穴建在高大的云杉上，云杉上总是覆盖着厚厚的积雪。雌乌鸦会一直待在窝里，因为它怕自己的蛋被冻坏了，怕小乌鸦冻死。雄乌鸦会给它送来食物。

雪地里吃奶的小兔子

田野里还是一片白雪皑皑，兔子已经开始产崽了。

小兔子们刚一出生就睁开了眼睛，身上穿着暖和的小皮袄，一点儿也不怕冷。它们一出生就会跑，吃饱了肚子就躲在灌木丛里和草墩下面，老老实实地蹲在那里，不叫唤也不淘气。

一天、两天、三天过去了，兔妈妈在田野里蹦蹦跳跳，它早就把小兔子们忘在脑后了。可是小兔子们还老老实实地蹲在那里。它们可不能瞎跑，不然，就会被鹞鹰看见，或者被狐狸发现踪迹。

瞧哇，好不容易有一个兔妈妈从它们身边跑过去。不对，这不是它们的妈妈，而是一位陌生的兔阿姨。

小兔子们跑到它跟前央求："我们好饿呀，喂喂我们吧！"

"好哇，那就来吃奶吧！"兔阿姨喂饱小兔子们后，就走了。

小兔子们又回到灌木丛里老实地待着。这时候，它们的妈妈还不知道在哪里、给谁家的兔宝宝喂奶呢。

原来，兔妈妈们有这样一个不成文的规矩：它们认为，所有的小兔子宝宝都是大家的孩子。不论兔妈妈在哪里，只要遇到一窝小兔子，都会给它们喂奶。不管它们是亲生的，还是别的兔妈妈生的，都一视同仁。[1]

你以为小兔子们没有妈妈的照顾，日子就不好过了吗？才不是呢！它们身上穿着皮棉袄，非常暖和。兔妈妈的乳汁又浓又甜，小兔子们吃上一顿，就可以好几天不饿。

到了第八、第九天的时候，小兔子们就开始吃草了。

最先绽放的花朵

第一批绽放的花朵出现了。不过，先别急着在地面上找它们，地面还被雪给覆盖着呢。森林里，只在边缘一带有淙淙的流水，沟渠里的水漫到了边沿。喏，就在这里，

[1] 见插图一。

在这褐色的春水上面，光秃秃的榛树树枝上，绽放了第一批花朵。

一根根富有弹性的、柔软的灰色小尾巴，从榛树的树枝上垂下来，人们把它们叫作葇荑[1]花序，其实它们并不像葇荑花序。你摇一下这些小尾巴，花粉就会从上面洋洋洒洒地飘落下来。

奇怪的是，就在这几根榛树的树枝上，还开着别的花。有的花是成双成对的，有的花是三朵挤在一起的，它们很容易被大家当作花蕾。不过，在每个“花蕾”的尖上，还伸出一对又像线又像小舌头的鲜艳的粉色的小东西。原来，这是雌花的柱头[2]，它们接受从别的榛树树枝上随风飘来的花粉。

风在光秃秃的树枝间无拘无束地游荡，因为没有树叶，也没有东西阻拦它摇晃那些葇荑花序的小尾巴，或者接受随风飘来的花粉。榛树的花是要凋谢的，葇荑花序的小尾巴也会脱落，那些花蕾般奇妙的小花上的粉红色细线也会干枯。日后，每一朵这样的小花都会变成一颗榛子。

——尼·米·巴甫洛娃

[1]葇荑（róu tí）：这里指植物初生的叶芽。

[2]柱头：花朵中雌蕊的尖端叫作柱头。

春天的计策

在森林里，温和的动物常常会遭到凶猛野兽的袭击。不管它们在哪里，一旦被野兽发现，立刻就会被捉住。

冬天，浑身雪白的兔子和山鹑[1]躲在白茫茫的雪地里，不容易被野兽发现。可是现在，雪在融化，好多地方已经露出了黑褐色的土地。狼、狐狸、鹞鹰、猫头鹰，甚至白鼬和伶鼬这类小型食肉野兽，老远就能发现黑褐色土地上的白色兽皮和白色羽毛。

所以，浑身雪白的兔子和山鹑会使出自己的妙计：它们会乔装打扮——它们开始脱毛，改变成别的颜色。雪白的兔子浑身上下穿着灰色的衣服，山鹑褪掉身披的白色羽毛，换成了褐色和红褐色的条纹新装。经过这一番乔装打扮，谁也不会那么容易就发现兔子和山鹑了。

有些攻击性很强的动物，也会跟着换装改色。冬天，伶鼬穿着一身雪白的衣衫。白鼬也一样，整个冬天，它浑身雪白，只有尾巴尖儿是黑色的。这样，它们就能很方便地在雪地上偷偷靠近并袭击温和的小动物。它们白色的毛

[1] 山鹑（chún）：雉科，栖息于低山丘陵、山脚平原和高山等环境，主要以草本植物和灌木的嫩枝、嫩叶等植物为食。

皮在雪地里很隐蔽，不会轻易暴露它们的行踪。可是现在呢，它们也跟着换毛了，把自己变成了一身灰色。伶鼬浑身都穿着灰色的衣服，白鼬也变成了灰色的，只是尾巴尖儿还和原来一样，依旧是黑色的。不过，无论冬天还是夏天，白鼬尾巴上的这点儿黑斑并不是什么大问题，因为雪地上也会有黑色的斑斑点点，比如枯树枝或尘土、垃圾等。在地面和草地上，这种黑斑更是随处可见。

冬季客人准备上路

在我们列宁格勒各处的道路上，随处可见一群群白色的小鸟，它们很像黄鹀[1]。它们就是我们冬季的客人——铁爪雪鹀。它们的老家在冻土带、北冰洋岛屿和海岸上，那里还要过很久才能解冻呢。

[1] 鹀（wú）：雀科，体形像麻雀或者更小一点儿。嘴喙的形状比较特殊，闭合时，上喙边缘和下喙边缘密接。通常，雄鸟的羽毛颜色更为鲜艳。常见的有灰头鹀、黄眉鹀和黄胸鹀等。

雪崩

森林里，可怕的雪崩开始了。

松鼠的窝建在一棵高大的云杉的枝杈上，这时候，它正在自己暖和的窝里睡大觉。

突然，一团沉甸甸的雪从树上落了下来，不偏不倚，正巧砸中它的窝顶。松鼠蹿了出来。可是，它那刚出生不久的小宝宝还在窝里。

松鼠立刻把雪扒开。幸亏雪只是压住了粗树枝搭起来的窝顶，窝里铺着柔软暖和的苔藓，安然无恙。窝里的小松鼠们还在睡觉，都没有被吵醒。这些小家伙实在太小了，浑身光溜溜的，现在没有长毛，没有视力，也没有听力，跟刚出生的小老鼠差不多。[1]

潮湿的居室

雪在不断地融化。森林里的穴居动物们可就遭殃了。

---

[1]见插图二。

这时候，鼹鼠[1]、鼩鼱[2]、野鼠、田鼠、狐狸，还有其他住在地洞里的大大小小的动物，都觉得潮湿难忍。等到所有的冰雪都化成了水，它们可怎么办呢？

奇特的茸毛

沼泽地上的雪全化了，草墩和草墩之间全是水。在草墩下面，隐隐约约地露出一些银白色的小穗子，在光滑的绿色的茎上左右摇晃着。难道这些就是去年秋天没来得及飞走的种子？难道它们就这样在寒冬的积雪下熬过了整个冬天？真是令人难以置信——它们太干净了、太新鲜了，让人怎么也不敢相信这是去年留下的种子！

其实，只要你把这些小穗子采摘下来，把茸毛拨开一看，就知道是怎么回事了。原来，这是花朵呀！你瞧，在那像丝一样的白色茸毛中间，露出了黄澄澄的雄蕊和细线一般的柱头。

[1] 鼹（yǎn）鼠：哺乳动物，外形像鼠，毛黑褐色，嘴尖，眼小。前肢发达，脚掌向外翻，可以捕食昆虫、蚯蚓等动物。它们擅长挖掘地洞，对农作物有害。

[2] 鼩鼱（qú jīng）：哺乳动物，身体小，外形像鼠，头部和背部呈栗褐色，吻部尖细，能伸缩，齿尖呈红色。它们多生活在山林中，以捕食虫类为生，也吃种子和谷物。

羊胡子草就是这样开花的，花上的茸毛是用来保暖的，因为这时候的夜晚还很冷呢！

——尼·巴甫洛娃

在四季常绿的森林里

四季常绿的植物，不光在热带或者地中海沿岸才能看到，在我们北方，也有常绿的森林，森林里也会生长常绿的灌木。现在是新年的第一个月，不妨到这样的森林里走走，既看不到枯黄的落叶，也看不到令人讨厌的枯草，你会觉得身心十分愉悦。

放眼望去，远处的小松树毛茸茸的，嫩绿中透着点淡淡的灰，十分可爱。在这些小树之间待一会儿，该有多么快乐呀！这里的一切都充满了生机，绿油油的柔软苔藓，叶子闪闪发亮的越橘。石楠柔嫩的枝条上长满了小得出奇的嫩叶，宛如一片片鳞片，相互挨着，就连去年开放的淡紫色的小花还没有凋谢呢。这里的一切都显得那么生趣盎然，无处不散发着勃勃生机。

在沼泽地边缘，你还可以看到另一种常绿灌木——蜂斗菜。它那暗绿色的叶子，边缘从下向上卷起，叶子背面仿佛刷了一层白粉似的，泛着白色。不过，如果现在有谁站在这丛小灌木跟前，是不会一直盯着它的叶子看的，因为还有更有趣的东西——花！一朵朵铃铛似的粉红色小花，与越橘十分相似。在这样的早春时节，在树林中能找到开放的花朵，真是叫人喜出望外！采一束这样的花带回家，谁也不会相信这些花是从野外采来的，还以为是在暖房里长出来的呢！

人们之所以不相信，是因为很少有人在早春时节到常绿的森林里散步，免不了要大惊小怪。

——尼·巴甫洛娃

鹞鹰和白嘴乌鸦

“噼——啪！呱——呱！”不知道什么东西从我的头顶掠过。我回头一看，只见五只白嘴乌鸦正在追赶一只鹞鹰。鹞鹰左躲右闪，可这些白嘴乌鸦还是追上了它，围着它，狠狠地用嘴巴啄它的头。鹞鹰痛得尖声大叫。最后，这只鹞鹰好不容易才挣脱出层层包围，脱身飞走了。

这时，我站在一座高山上，能看到很远的地方。我看见鹞鹰落在一棵树上休息，突然间，不知从什么地方冒出来一大群白嘴乌鸦，嚷嚷着一齐向鹞鹰扑过去。鹞鹰的处境危险极了，情急之下，它狂叫着向一只白嘴乌鸦反扑过去，对方吓得露了怯，赶紧向一旁闪了过去。鹞鹰趁机敏捷地冲上了云端，没有谁来阻挡它。白嘴乌鸦们失去了即将到手的猎物，只能四下散开，飞到田野里去了。

——驻林地记者 康·梅什里亚耶夫

阅读感悟

春天，一切都生机勃勃，许多新鲜的事物等着我们去发现！因为气温升高，积雪融化，浑身雪白的兔子和山鹑，为了使自己不被猎人发现，就开始了脱毛换色。大自然中的有趣现象还有很多，除了动物外，还有植物的变化，只要我们细心观察、多加留意，就会收获意外的惊喜。

林区的第二份电报

椋鸟和云雀飞来了，唱起了歌。

左等右等，熊还是没有从洞穴里出来，真叫人等得不耐烦啦！我们不禁纳闷：熊不会冻死在洞穴里了吧？

突然，积雪松动了。

可是，从雪底下钻出来的根本不是熊，而是一头我们从来没见过的野兽。它的个头儿跟大猪崽差不多，浑身长着毛，肚皮乌黑乌黑的，白白的脑袋上长着两道黑色的条纹。

原来，这不是熊洞，而是獾洞，钻出来的是一头獾。

现在，这头獾苏醒了，它不再贪睡了。每个夜晚，它都会到森林里去寻找蜗牛、甲虫和其他小虫子吃，它还会啃草根，捉野鼠。

我们在林子里到处寻找，又找到了一个洞穴，我保证，这次是货真价实的熊洞。

熊还在冬眠呢！

冰面上已经有水漫上来了。雪堆开始坍塌了，松鸡在求偶，啄木鸟咚咚咚地啄着树干，像打鼓似的。

破冰鸟——白鹡鸰[1]飞来了。

有的道路已经走不了雪橇，集体农庄的人们驾起了马车出门，不再乘坐雪橇了。

——本报特派记者

[1] 白鹡鸰（jí líng）：属于雀形目的鸟类，体长 16.5 ~ 19 厘米，以昆虫为主要食物。

都市新闻

导读

随着春天的到来，城市里的动物和植物也醒过来了，在屋顶上唱歌的小猫咪，守护自己房屋的椋鸟，随着春风起舞的小蚊子等，都将一一出场！城市里还有哪些动物也出现了呢？一起来阅读下面的故事吧！

屋顶音乐会

每天晚上，屋顶上都会举办猫咪音乐会。猫咪特别喜欢开音乐会，不过，每次都是以歌手们大打出手而匆匆收场。[1]

[1]见插图三。

在阁楼上

最近,《森林报》的一位记者跑遍了市中心许多住宅楼，为了调查顶楼的动物居民的生活状况。

住在阁楼角落的鸟儿，对自己的居住环境十分满意。谁感觉冷了，就紧挨着壁炉的烟囱，整个冬天都能享受免费的暖气设备。母鸽子已经在孵蛋了，麻雀和寒鸦满城寻找打窝用的小秸秆、稻草根儿，它们还要收集绒毛和羽毛，为自己的窝做一个软软的羽毛垫子。

不过，猫和淘气的男孩总会时不时破坏它们用心搭建的小窝，害得它们叫苦连天。

争房风波

椋鸟房前吵吵闹闹的，叫嚷声、吵架声乱作一团。风中，绒毛、羽毛、稻草、小秸秆漫天飞舞。

原来是房子的主人椋鸟回到家，发现自己的巢穴被麻雀占领了。于是，它揪住那些入侵者，一个个往外撵。撵完麻雀，把它们的羽毛垫子也扔了出去。它一点儿都不心慈手软，对麻雀来了个彻底的扫地出门，一点儿痕迹也不留下来。

这时，正好有一个泥瓦工站在脚手架上，正在用泥灰修补屋檐下的裂缝。麻雀在屋顶上蹦来蹦去，一只眼睛瞅瞅屋檐下，瞅着瞅着，大叫一声，猛地向泥瓦工的脸扑了过去。泥瓦工见状，忙举起抹泥灰的铲子驱赶它们。他怎么也不会想到，自己一个不小心，居然把裂缝里的麻雀窝给封上了，窝里还有麻雀下的蛋呢！

叽叽喳喳，又是一片叫嚷声。你争我斗，忙个不停。绒毛、羽毛，在风中飘飘洒洒，好不热闹。

——驻林地记者 尼·斯拉德科夫

无精打采的苍蝇

街头出现了一些个头儿很大的苍蝇，它们浑身呈蓝绿色，泛着金属般的光泽。它们跟秋天一样，一副无精打采、没睡醒的模样。它们还不会飞，只能勉强用它们的细腿在房屋的墙壁上艰难地爬行，摇摇晃晃的，好像一不小心就会掉下来。

白天，这些苍蝇就在露天的地里晒太阳，晚上再爬回墙壁和栅栏的空隙中过夜。

苍蝇啊，当心流浪汉

列宁格勒的街头出现了一些四处游荡的流浪汉——蜘蛛。

俗话说，狼是靠四条腿填饱肚子的。游荡的蜘蛛也是这样。它们不像普通的蜘蛛，它们不去编织巧妙的蜘蛛网，而是埋伏着，伺机攻击苍蝇和其他昆虫。一旦它们看到目标，就会使劲一蹦，猛地扑过去，吃掉它们。

迎春虫

从河面的冰缝中，爬出了一些笨头笨脑的灰色小幼虫。它们爬上河岸，蜕去裹在身上的皮外套，变成了长着翅膀的飞虫。它们的身材又细又长，又苗条又匀称。它们不是苍蝇，也不是蝴蝶，而是迎春虫。

这时候的迎春虫翅膀长长的，身体轻飘飘的，因为力气不足，所以还不会飞，它们还要靠多晒太阳才能长大。

迎春虫用细长的腿爬过马路。路过的人一个不留神，就容易踩到它们。马蹄会不小心踏到它们身上，汽车轮子也容易从它们身上轧过，甚至连麻雀也会来啄食它们。可是，它们顾不了那么多，一个劲儿地往前爬，往前爬。迎春虫的数量实在是太多了，有几千、几万、几十万只。

那些爬过马路、度过危险的迎春虫会爬上墙壁，尽情地享受春日的阳光。

林区观察站

八十多年前，著名的自然科学家凯德·尼·卡伊戈罗多夫教授率先在林区开始进行物候学[1]观察。

现在，全苏地理协会设有一个以卡伊戈罗多夫命名的委员会，领导物候学观察者的工作。

爱好研究物候学的人，都把各自的观察情况寄给该委员会。多年来，委员会已经积累了大量的观察记录和资

[1] 物候学：研究自然界季节现象的科学。——作者原注

料。比如，鸟类的迁徙情况、植物的开花期、昆虫的出没情况……凭借这些材料，都可以编撰成一本“自然通历”了。这本历书对我们预测天气、安排农事工作有十分重要的帮助。

现在，林区已经成立了全国性中央物候学观察站。像这种有五十年以上历史的观察站全世界只有三个。

为鸟儿们准备好住房

谁想让椋鸟在自家的花园里安居，请赶快给它们造一座小房子吧。房子要干干净净的，房门要开得不大不小，正好能让椋鸟钻进去，把猫隔在外面。

最好在门的内侧钉上一块三角形的木板，这样，就算猫把爪子伸进去，也够不着椋鸟。

小蚊子跳舞

在晴朗暖和的日子里，小蚊子开始在空中起舞了。不过，你不用怕，这种蚊子不叮人，它们是舞虻[1]。

舞虻密密麻麻地聚在一起，像一根圆柱子停留在半空中，它们挤挤挨挨，在空中旋转着、舞蹈着，一团一团地飞舞。舞虻多的地方，看上去全是黑黑的斑点，好像人的脸上长满了雀斑。

最先现身的蝴蝶

蝴蝶出来了，它们在太阳底下舒张着翅膀，呼吸着新鲜的空气，安心地晒着太阳。

它们是最先出现的蝴蝶，是那些待在阁楼里越冬的，暗褐色、带红色斑点的荨麻蛱蝶和浅黄色的黄粉蝶。

在公园里

在公园和果园里，响起了雄苍头燕雀的嘹亮歌声，它们有浅紫色的胸脯和浅蓝色的脑袋。这些美丽的鸟儿成群

[1] 舞虻（méng）：舞虻科昆虫，因飞行动作似舞而得名。

结队地聚集在一起，等候雌燕雀的到来。通常，雌燕雀会比雄燕雀晚来一会儿。

新森林

全苏造林会议召开了。林区主任、森林学家、农学家们济济一堂，参加会议的还有一些列宁格勒市民。

一百多年以来，我国实施了草原造林研究工程，选定了三百多种乔木和灌木，作为草原上植树造林的主要树种。这些树种的适应能力都很强，能够在不同条件的草原环境中稳定生长。比如，科学家们发现，跟锦鸡儿、忍冬和其他灌木夹杂种植在一起的橡树，最能适应顿河草原的环境。

我们的工厂造出了一批新机器，这些机器可以在短时间内栽种一大片树苗。迄今为止，造林面积已经有好几十万公顷了。最近几年，全国还要种植几百万公顷的新森林，有了这些新森林，我们的耕地效率将会更高，田地的产量也会增加。

——塔斯社 列宁格勒讯

春天的鲜花

花园里、公园里、庭院里，到处盛开着黄灿灿的款冬[1]。

街头，卖花人在卖一束束早开的春花。卖花人管这种花叫“雪下紫罗兰”。但是，这种花的颜色和气味都和紫罗兰不一样，“蓝色獐耳细辛”才是它真正的名字。

树木也苏醒了，白桦树的树液已经开始在树干中流动。

水塘里来了什么动物?

在林区公园的峡谷中，春水淙淙地流淌着。在一条小溪上，我们《森林报》的几位驻林地记者用石头和泥土筑起了一道拦水坝，他们守在那里，想看看小水塘里会游来什么动物。

他们等了半天，也没见着一只动物。只有一些碎木片和小树枝顺流而下，在水塘里打转。

---

[1] 款冬：菊科，多年生草本植物，叶子呈圆形，可以入药，有祛痰的功效。一面光滑，贴到脸上有凉意；另一面有茸毛，贴到脸上有暖意。

后来，一只老鼠从溪底滚了过来。这只老鼠不是普通的长尾巴家鼠，而是一只田鼠，它的毛是棕红色的，尾巴短短的。

也许这只田鼠早就死了，整个冬天都躺在雪地底下。现在，雪融化成了溪水，它就随波逐流，被溪水冲到水塘里来了。

接着，水塘里漂来了一只黑甲虫。它在水里挣扎着，旋转着，在水里打着滚儿，没能从水里出来。一开始，大家都以为这是一只水栖甲虫，等到捞起来一看，才发现这是一只地地道道的陆生甲虫——屎壳郎。

看来，屎壳郎也苏醒了。当然，它肯定不是故意到水里去玩耍的。

后来又来了一位，这家伙有着长长的后腿，它的长腿一蹬一收，自己就游到水塘里来了。大家猜猜它是谁？没错，是青蛙！

周围还是积雪，可是青蛙硬是一见到水就游过来了。它从水塘里跳到岸上，三蹦两跳，很快就钻进灌木丛里去了。

最后来的是一只小兽。它的毛是红褐色的，很像家鼠，只是尾巴没有那么长——原来是一只水老鼠。

水老鼠通常会储存很多粮食过冬，可是现在已经到了春天，显然它已经吃光了储存的冬粮，出来寻找食物了。

款　冬

一丛丛款冬的细茎已经在小山丘上露面了。每一丛细茎都是一个小家庭。那些体态细长苗条、高高昂着头的细茎，都是早出生的，年纪大一些。那些晚出生的茎粗粗短短的，显得笨头笨脑，它们的年纪还小呢，紧紧挨在高茎的旁边。

还有一些茎弯着腰，耷拉着脑袋站在那里，模样十分滑稽——仿佛是刚刚出世，怕见世面，还挺害羞的。

每个这样的小家庭，都是从一段地下根茎中长出来的。从去年秋天起，这段地下根茎就储存了足够的养分。虽然现在这些养分正在慢慢耗尽，不过应该还能维持整个开花期。不久之后，每个小脑袋都会变成一朵辐射状的黄花，说得准确些，变成的不是黄花，而是花序，是一大束彼此紧紧挨在一起的小花。

小花开始凋谢的时候，根茎里就会长出叶子来，这些叶子的任务，就是为根茎补充新的养分。

——尼·巴甫洛娃

空中的号角

空中传来一阵阵号角声，列宁格勒的居民感到很惊奇。一大早，城市还在沉睡，街道上静悄悄的，号角声听起来格外清晰。

眼力好的人仔细瞧，就可以看见一大群脖子又直又长的大白鸟正从云彩下飞过。这是一群列队飞行、爱叫唤的野天鹅。[1]

每年春天，野天鹅都会从我们的城市上空飞过，发出嘹亮的“呜——呜——”的类似号角的声音。不过，在热闹拥挤的城市中，人声嘈杂，车来车往，我们便很难听到这些号角声。

现在，这些野天鹅正忙着赶路，它们要飞往科纳半岛阿尔汉格尔斯克附近，飞往北德维纳河两岸去筑巢。

[1] 见插图四。

节日通行证

我们在等候有羽毛的朋友们。大队委员会交给我们每个少先队员一个任务，每个少先队员都要做一个椋鸟房。所以，我们大家都在为这件事忙碌着。我们学校有一个木工厂，如果谁还不会做椋鸟房，就可以在那个木工厂学习。

我们在学校的花园里为椋鸟造了许多房子，好让椋鸟在这里好好住下去，保护好苹果树、梨树和樱桃树，免受那些有害的毛毛虫和甲虫破坏。到爱鸟节这天，每个少先队员都会把自己制作的椋鸟房带到庆祝会上来。我们都商量好了：椋鸟房就是我们参加庆祝会的通行证。

林区的第三份电报（急电）

我们轮流在熊洞附近守候着。

突然，不知道是什么东西从地底下把积雪拱了起来，接着，就露出了一个又大又黑的野兽脑袋。

一只母熊钻了出来，还有两只小熊也跟在母熊的身后钻出来了。

我们看见母熊张开大嘴巴，舒舒服服地打了一个哈欠，然后向森林里走去。小熊欢蹦乱跳地跟在母熊的后面跑。母熊瘦得皮包骨头。[1]

现在，母熊正在森林里游荡，它走来走去，东游西荡。在经历了这么长时间的冬眠后，它肯定饿坏了，所以看到什么就吃什么。不管是树根、去年的枯草，还是浆果什么的，只要能吃的，都是好的。如果遇到一只小兔子，那么它肯定不会放过。

---

[1] 见插图五。

发大水了

冬天的威风已经被扫除了。云雀和椋鸟唱起了欢乐的歌。

湍急的水流冲破了冰的屏障，放开手脚，随心所欲地在辽阔的田野上流淌，自由自在。

田野里发生“火灾”了——太阳把白雪照得一片火红。从积雪底下露出了喜气洋洋的碧绿小草。

春水泛滥的地方，成了早来的野鸭和大雁的乐园。

我们看到了第一只蜥蜴。它从树皮底下钻出来，爬上了一个树墩晒太阳。

每天都有数不胜数的新闻发生，我们忙得都来不及把它们记录下来。

春水泛滥，把城市和乡村的交通阻断了。

有关春水造成的灾难，我们将通过飞鸟把信息传递出去，供下一期《森林报》刊出。

农庄纪事

导读

春暖花开，万物复苏，美好的春天处处都蕴藏着生机。农庄的庄员们也开始忙碌起来，他们要拦住出逃的春水，要给怀孕的猪妈妈接生，要给秋播的小麦施加养分……一切都在有序地进行着，也产生了诸多有趣的新闻。

集体农庄新闻

拦截出逃者

雪融化成了水，它们竟然想从田地里逃到洼地里去。集体农庄的庄员们急忙把出逃的春水扣留了下来。他们用积雪在斜坡上筑起了一道横墙。

雪水被拦截在田里，开始慢慢地往土里渗。

田野里的绿色居民已经感觉到，水渐渐涌进了它们的身体，它们的根得到了水的滋润，不禁欢天喜地起来。

100 个新生儿

昨天夜里，“突击队员”——国营农场猪舍里的值班饲养员们为母猪接生，一共接生了 100 只小猪崽儿。这 100 个新生的小猪崽儿个个圆滚滚的，身体壮实，现在正在猪圈里哼哼乱叫。九位幸福的年轻妈妈，正在焦急地等待着饲养员们把它们那些长着小尾巴、有着红鼻头儿的新生儿接过来喂奶。

乔迁之喜

土豆从冰冷的仓库搬进暖和的新房子去了。

它们对新环境非常满意，准备好好地长出新芽来。

绿色新闻

菜场有新鲜的黄瓜上市出售了。这些黄瓜花的授粉工作不是由蜜蜂来完成的。它们生长的土地可不是因为太阳而变暖的。

不过，黄瓜还是名副其实的黄瓜。它们圆滚滚的，壮壮实实，汁水饱满而且长满了小刺。虽然它们是在温室里长大的，但是它们的香味也是真正的黄瓜清香。

救助挨饿者

积雪都融化了。裸露出来的田野里长着的都是又瘦又弱的小苗，大地还没有解冻呢。草根从土壤里吸收不到养分，可怜的小苗只有挨饿的份儿。

不过，集体农庄的庄员们把它们看得很珍贵。别以为它们是瘦骨伶仃、有气无力的小草，它们可是去年秋播的小麦。所以，集体农庄的庄员们早就为它们准备好了最有营养的食物——草木灰、鸟粪、厩肥、营养盐等。

这些食物还是从空中食堂分发给这些挨饿的朋友

们——田野上空飞来飞机，撒下粮食，保证每一株小苗都吃得饱饱的。

——尼·米·巴甫洛娃

阅读感悟

集体农庄的庄员们拦截春水为田野灌溉做准备；他们搬运土豆去温暖的屋子，为土豆发芽做准备。春天不仅带来了温暖的阳光，还带来新生的希望。“阳春布德泽，万物生光辉”，在春光的滋养下，万物都呈现出勃勃的生命力。

天南地北无线电通报

导读

各地的春光都不尽相同，各有特色，而《森林报》编辑部与各地约定，举办一次无线电广播通报。各地都发来无线电报讲述他们那里的春天，山花开了，树叶舒展了，一幅枝繁叶茂的景象。我们将通过文字，阅读到冻土带、原始森林、草原、高山、海洋和沙漠的春天。

注意！注意！

我们是列宁格勒《森林报》编辑部。

今天是3月21日，春分。我们与各地约定，举办一次无线电广播通报。

东方！南方！西方！北方！请注意！

冻土带！原始森林！草原！高山！海洋！沙漠！请各地注意！

请你们报告你们那里当天的情况！

请收听！请收听！

北极广播电台

今天，我们这里是个大节日——经过一个无比漫长的冬季，我们终于迎来了太阳。

第一天，太阳只在海面上露出一个头顶。没几分钟，便躲起来了。

过了两天，太阳露出了半个脸。

又过了两天，太阳才升得更高一些了。它整个脸都露了出来，全部从海平面上升了起来。

现在，我们总算可以过上我们短暂的白天了。虽然从早到晚只有一个小时的日照，可是，那有什么关系呢？因为我们总算见到了光明，而且白天会越来越长。明天会比今天长，后天会比明天长。

现在我们这里的水域和陆地都覆盖着厚厚的冰雪。白熊还在冰穴——熊洞中睡得正香。到处都看不到一丝绿色，没有一只飞鸟，只有严寒和暴风雪。

中亚广播电台

我们已经种完了马铃薯，开始种植棉花了。我们这里的阳光火辣辣的，烤得街上尘土飞扬。桃树、梨树、苹果树上的花开得正旺，而扁桃、杏树、白头翁和风信子的花已经凋谢了。防护林带的植树活动已经开始了。

在我们这里过冬的乌鸦、寒鸦、白嘴乌鸦和云雀，都飞往北方去了。家燕、白肚皮的雨燕都飞过来了，它们要在我们这里度过夏天。红色的大野鸭纷纷在树洞和土穴里孵出了小野鸭。这些小家伙们已经从窝里出来，开始在水里嬉戏了。

远东广播电台

我们这里的狗已经不再冬眠了。

是的，是的，你没有听错。我们说的就是狗，不是熊、旱獭或者獾什么的。你们是不是以为狗从来不冬眠？我们这里的狗是要冬眠的，冬天它们总是睡觉。

我们这里有一种特别的狗——貉子[1]。它们的个头儿比狐狸小一点儿，腿短短的，棕色的毛又密又长，披散起来把耳朵都遮住了。冬天，它们像獾一样钻进洞里去睡觉。不过，现在它们已经睡醒了，开始捕捉老鼠和鱼了。

也有人把它们叫作浣熊狗，因为它们长得很像小型美洲熊——浣熊[2]。

南部沿海的居民开始捕捉一种身体扁扁的鱼——比目鱼。在乌苏里边区茂密的原始森林里，小老虎出生了。现在，它们都已经睁开眼睛了。

我们每天在这里等候来“旅行”的鱼[3]，它们将要从遥远的海洋游到我们这里产卵。

---

[1] 貉(háo)子：哺乳动物，外形像狐而较小，肥胖，毛棕灰色，两耳短小，两颊有长毛横生。

[2] 浣熊：浣熊的样子像熊，因为它在吃东西前，总是把东西放在水里洗一洗，所以叫作浣熊。“浣”就是洗的意思。

[3] “旅行”的鱼：指洄游的鱼。

西乌克兰广播电台

我们在播种小麦。

白鹳从南非洲飞回来了。我们喜欢它们在我们的小房子顶上安家。所以我们搬来很重的旧车轮，放在房顶上供它们做窝。

现在，白鹳纷纷衔来粗粗细细的树枝，放在车轮上，开始做窝了。

我们的养蜂人正急得要命，因为金色的蜂虎飞来了。这种小鸟长着一副文雅的模样，羽毛也很漂亮，但是它们最喜欢吃蜂蜜。

请收听！请收听！

冻土带、亚马尔半岛广播电台

我们这里还是不折不扣的冬天呢，连一点儿春天的气息都没有。

一群群来自北方的驯鹿正在用蹄子把积雪扒开，踩碎冰层，寻找苔藓充饥。

到时候，还会有乌鸦飞到我们这里来！到了4月7日，我们都会庆祝“沃恩加—亚利节”，也就是“乌鸦节”。我们这里的春天是从乌鸦飞来的那一天算起的，就像你们列宁格勒的春天是从白嘴乌鸦飞来的那一天算起的一样。不过，我们这里压根儿没有白嘴乌鸦。

新西伯利亚原始森林广播电台

我们这里的情况跟你们列宁格勒差不多，也处于原始林带，到处是针叶林和混合林带。

我们这里夏天才有白嘴乌鸦，我们这里的春天是从寒鸦飞来的那一天算起的。寒鸦都不在我们这里过冬，每年春天，它们都是最先飞到我们这里来的鸟类。

我们这里一到春天，天气就一下子暖和起来。不过，春天总是很短暂，一眨眼就过去了。

外贝加尔草原广播电台

一大群粗脖子的羚羊，动身到南方去了——它们离开我们这里到蒙古去了。

最初的融雪天对它们来说，是一场不折不扣的大灾难。白天，雪融化成水，夜里的气温低，水又会冻成冰。平坦的草原整个变成了一个偌大的溜冰场。羚羊光着蹄子，像站在镜子上似的，在冰上走一步滑一步，四只蹄子分别向四个方向跑，如果一个不小心，蹄子撑不住就会打滑摔倒。

可是，羚羊完全要靠它那四条追风腿保全性命的呀！

现在，在这春寒时节，不知道有多少羚羊会被狼和其他猛兽吃掉。

高加索山区广播电台

在我们这里，春天先到低的地方，然后才到高的地方，从下往上，一步步把冬天赶走。

高山顶上还是大雪纷飞，高山底下的山谷地区却下着春雨。溪流奔腾，第一次春汛来了。河水猛涨起来，漫上了河岸，朝着海洋的方向汹涌着、奔腾着，一路摧枯拉朽，把什么东西都冲走了。

在山谷地区，山花开了，树叶舒展了，一幅枝繁叶茂的景象。青翠欲滴的颜色粘在阳光充足、气候温暖的南山坡，一天天往山顶爬去。

随着绿意渐浓，高处飞过一群鸟。山下啮齿类动物和食草类动物的活动地盘也跟着向上拓展。野狼、狐狸、森林野猫，以及威胁到人类安全的雪豹都相继出来捕捉猎物，它们追着牡鹿、兔子、野绵羊、野山羊什么的，也向山顶跑去了。

寒冬退到山顶，春天跟着就到了。一切生物都伴随着春天的脚步，纷纷跟着春天上了山。

请收听！请收听！

北冰洋广播电台

海洋上的冰块和整片的冰原向我们漂移过来。冰上躺着一些浅灰色的海豹——它们两肋乌黑，是格陵兰母海豹。它们将在这里，在这寒冷的冰面上生下毛茸茸、白如雪，有着黑鼻头、黑眼睛的小海豹。[1]

---

[1] 见插图六。

小海豹出生之后很久才能下水，在它们能下水之前，只能躺在冰面上，因为它们还不会游泳。

黑面孔、黑腰身的格陵兰老海豹已经爬到冰面上了，蜕下一身短而硬的淡黄色粗毛。它们也得躺在冰面上，漂流一个时期，一直到身上的毛全部换完。

这时候，一些乘着飞机的侦察员正在海洋上空飞过，他们在到处侦察——什么地方的冰原上有带领小海豹的母海豹；什么地方的冰原上躺着换毛的公海豹。

他们侦察完以后，还要向轮船的船长报告，哪里有大群大群的海豹聚集。那些海豹密密麻麻地躺在一起，把它们身体下的冰面都遮得看不见了。

过了不久，一艘载了许多猎人的特种船只，拐弯抹角地穿过一块块冰原，朝目的地开去——他们要去捕猎海豹。

黑海广播电台

我们这里根本没有本地海豹，看到海豹的机会可谓千载难逢。这里的海豹从水里露出长长的乌黑的脊背，足足有 3 米长，然后一下子就不见了。这是一只地中海的海豹，它经过博斯普鲁斯海峡[1]时，偶然游到我们这里来的。

不过，我们这里有别的动物——活泼可爱的海豚。现在，巴统市[2]附近正是捕猎海豚的旺季。

猎人们坐着小汽艇出海，只要仔细观察从四周陆续飞来的海鸥往哪里飞，哪里就一定有大群的海豚。因为那里聚集着一群群小鱼，海豚和海鸥正是被它们吸引过来的。

海豚很贪玩，像马喜欢在草地上打滚儿一样，它们也喜欢在海面上翻腾，要不就是一个挨一个地跃出水面，在半空中翻跟头。不过，现在这个时候可不能冲它们开枪，它们会逃走的。想要射中海豚，需要等到它们聚集在一起，大口大口吃东西的时候。这时候，哪怕把小汽艇开到离它们只有 10 ~ 15 米的地方，它们也不会在意的。只要做到手疾眼快，赶紧开枪，把打中的猎物立刻拖到小汽艇上来，就万无一失了。否则死海豚很快就会沉到海底找不到踪迹。

---

[1] 博斯普鲁斯海峡：黑海海峡的组成部分，在小亚细亚半岛和巴尔干半岛之间，长约 30 千米。

[2] 巴统市：在黑海东岸，是一个海港城市。

里海广播电台

我们里海北部会结冰，所以这里有很多海豹出没。

不过，我们这里雪白的小海豹已经长大了，都换过毛了。它们的毛先变成深灰色的，然后变成棕灰色的。海豹妈妈从圆圆的冰窟窿里钻出来的次数越来越少，它们忙着利用最后的机会给子女喂奶吃。

海豹妈妈们也开始换毛了。它们得游到别的冰块上，那里躺着大群大群的公海豹，母海豹要和公海豹一起换毛。它们身下的冰面在融化，在破裂。它们只好爬到岸上去，躺在沙洲或者浅滩上完成换毛。

我们这里还有爱旅行的鱼——里海鲱鱼、鲟鱼、白鲟鱼及其他种类的鱼，它们从海洋的四面八方游过来，成群结队、密密麻麻，拥向伏尔加河和乌拉尔河河口。它们待在那里，等待这里的河流上游解冻。

到那个时候，它们就要忙活起来了。它们一群跟着一群，你挤我撞地逆流而上，争先恐后地往上游冲去，它们焦急地赶去自己出生的地方产卵。它们的出生地，就在北方，在两条遥远的河流中，在大大小小的支流小溪中。

不过，在整条伏尔加河、卡马河、奥卡河和乌拉尔河及其支流中，渔民四处布下渔网，捕捉这些不惜一切代价着急回家的鱼。

波罗的海广播电台

我们这里的渔民也准备就绪，要去捕捉黍鲱鱼、鲱鱼和鳕鱼。等芬兰湾和里加湾的冰雪融化后，他们就要开始捕捉白鲑鱼、胡瓜鱼和鲑鳟鱼了。

我们这里的海港正在相继解冻，轮船纷纷从这些海湾里开出去，准备去长途旅行了。

世界各国的船只也相继来我们这里停泊。冬天就要过去了，波罗的海就要迎来大好时光。

请收听！请收听！
中亚沙漠广播电台

我们这里的春天也是很快乐的。春雨绵绵，天气还不算热，到处都有碧绿的小草从地下钻出来，连沙地里都有。真不知道这么茂盛的草都是从哪里来的。

灌木已是绿叶满枝。美美地睡了一个冬天的动物也从地下钻出来了。屎壳郎、象甲虫[1]什么的也飞来了。灌木丛上到处都是亮晶晶的吉丁虫[2]。蜥蜴、蛇、乌龟、黄鼠、沙鼠和跳鼠也从深深的洞穴里爬了出来。

巨大的黑色秃鹫成群结队地从山上飞下来，捕捉乌龟。

秃鹫善于利用自己又弯又长的嘴，把乌龟肉从坚硬的乌龟壳里啄出来。

春天的客人飞来了——它们是小巧玲珑的沙漠莺，爱跳舞的石雕，各种各样的云雀：鞑靼大云雀、亚细亚小云雀、黑云雀、白翅雀、凤头雀。空中回荡着它们的悦耳的叫声。

在这明媚而温暖的春天，就连沙漠都是生机盎然的，那里活跃着各种各样的生命。

我们第一次全国无线电广播到此结束。

6 月 22 日，我们再见。

[1] 象甲虫：也称象鼻虫，头部有喙状延伸，呈象鼻状，因此而得名。触角通常呈膝状，端部略膨大。成虫和幼虫都是植食性，是破坏农业和储藏物品的常见害虫。

[2] 吉丁虫：体色美丽，具有金属光泽。头部较小，垂直向下，嵌入前胸。触角短，呈锯齿状，足短。幼虫大多蛀食树木，是破坏森林、果木的常见害虫。

打靶场：第一次竞赛

1. 按照森林年历，春天从哪一天开始？

2. 什么样的雪融化得更快——是干净的雪还是脏的雪？

3. 为什么春天不能捕猎皮毛丰厚的兽类？

4. 春天最先出现蝙蝠还是飞虫？

5. 在我们这里，春天最先开放的是什么花？

6. 春天，森林里哪一种鸟的羽毛变色最明显？

7. 白兔在什么时候最容易被发现？

8. 小兔子生下来是睁着眼睛，还是闭着眼睛？

9. 这里画着两棵松树，一棵是在密林里长大的，一棵是在旷野里长大的。你能把它们分辨出来吗？

10. 我们这里最小的野兽是什么？

11. 我们这里最小的飞鸟是什么？

12. 这里画着三种不同的鸟喙。其中一种是吃昆虫的，一种是吃谷类和浆果的，还有一种是吃小兽和鸟的。请问，你能根据鸟喙判断出这三种鸟分别是吃什么的吗？

三种不同的鸟喙

13. 我们这里的鸣禽中，哪一种鸟的雄鸟是黄色的，雌鸟是绿色的？

14. 这里有一棵树，树干中部的树皮被兔子啃光了。兔子怎么会啃光这么高的树皮呢？兔子为什么不从低处的根部开始啃呢？

15. 一年中的哪两天，太阳在天空中停留整整12

小时？

16. 什么东西顶朝下生长？

17. 谜语：没生炉子，没烧柴火，照样暖和。

18. 谜语：飞时静悄悄，坐着静悄悄，死后化作水，轰隆发出声。

19. 谜语：拉车的马儿向前跑，车辕却要留下来。

20. 谜语：有个老妈妈，冬天盖白被，春天穿花衣。

21. 谜语：冬天给人温暖，春天化成一片，夏天从来不见，秋天准备出现。

22. 谜语：什么日子的过去是昨天，跟着的是明天。

23. 谜语：枝丫很多，却不是树。

公告栏：征房启示

我们已经来了，征求用木板钉成的独立小屋，木板得结实，厚度不小于 2 厘米。房子高 32 厘米，面积为（15×15）平方厘米，门得朝南，5 厘米高，且距离木板底部 23 厘米。

——椋鸟启

我们即将到达。现征求菱形斜挂小房子。房内面积为（12×12）平方厘米，门宽 4 厘米。

——白腹姬鹟及红尾鸲启

现征求有隔板的房子，需有三个房间，总面积为（12×36）平方厘米。门要开在屋檐下 4 厘米处。

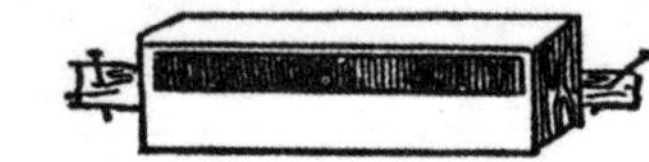

我们将于五月到达。

——雨燕启

我们征求木板房。

条件如下：高 11 厘米，面积为（11×11）平方厘米，门高 4 厘米，离地面 7 厘米。

——白鹡鸰启（我们已经到此）

——灰鹟启（我们五月到达）

森林报 第二期

春二月：候鸟回乡月

4 月 21 日—5 月 20 日 太阳进入金牛座

导读

春二月里，河水挣脱了冰层的束缚，流动起来了。候鸟们也成群结队地飞回故乡，这一路上它们将会遇到许多困难和灾难，但是这些都阻挡不了它们回乡的旅程。

一年——分 12 个月谱写的太阳诗篇

4 月是积雪消融的时候。4 月还没有苏醒过来，就开始刮起了风，预示天气要变暖了。等着瞧吧，还会发生点儿别的什么事情。

在这个月，涓涓溪流从山上流下来，鱼群欢快地跃出水面。春天把大地从冰雪下释放出来，又在执行它的第二项任务：让水摆脱冰层的桎梏，彻底得到释放，重获自由之身。一条条融雪汇成的溪流悄悄地流入河床，河水上涨，挣脱了冰雪的羁绊。春水潺潺地流着，在谷地里泛滥开来。

土地喝饱了春水和雨水，披上了绿装，上面装点着朵朵色彩斑斓、美丽娇艳的雪花[1]。但是森林仍旧赤裸裸地站在大地上，没有绿意，它正在静静等待春天的降临。不过，树木中的浆液已经在暗暗涌动，枝丫膨胀起来了，竞相吐露嫩芽，地上和凌空的枝条上，花朵纷纷绽放。

鸟类万里大迁徙

候鸟要回乡了。它们像汹涌的波涛，成群结队地从过冬的地方起飞，向故乡迁徙。它们的飞行有着严格的秩序，必须排列整齐，一对一对按次序前进。

今年，候鸟飞到我们这里来的空中飞行路线，还是和以前一样。它们飞行时所遵守的那套秩序，几千年、几万年，甚至几十万年始终如一。

[1] 雪花：这里指早春时节，积雪融化后开花的植物。

头一批启程的是去年秋天最后离开我们的那批鸟，最后出发的则是去年秋天最先离开我们的那批鸟。最晚飞来的是羽毛鲜艳华丽的那批鸟，它们要等到这里的青草长出绿叶之后才能来。因为如果太早到达，它们在光秃秃的大地和树枝上会非常显眼，而且不容易找到可以掩蔽的东西，来躲避凶禽猛兽的突然袭击。

鸟类的海上长途飞行线路，正好穿过我们列宁格勒上空。这条路线被称为“波罗的海航线”。

波罗的海航线一端紧紧靠着阴沉沉的北冰洋，另一端隐没在阳光灿烂、鲜花盛开、天气晴朗的炎热地带。无数的海鸟和近岸鸟排着队伍在空中飞行，它们各有各的阵列，各有各的次序，成员多得数不清，队伍多得没完没了。它们从空中浩浩荡荡地飞过，沿着非洲海岸，经过地中海、比利牛斯半岛沿岸，途经一个个海峡，越过北海和波罗的海飞到这里。

这一路上，它们会遇到许多困难和灾难，它们必须克服千难万险，才能到达目的地。有时候，浓雾会像墙壁一样突然出现在这些旅行者面前，它们会陷入无助的迷魂阵中，分不清东西南北，看不到自己的领队和同伴，甚至会一头撞到意想不到的尖利岩石或悬崖峭壁上，撞得粉身碎骨。

海上的暴风会刮断它们的羽毛，打坏它们的翅膀，把它们吹离海岸。

突如其来的寒流会使海水结冰，有些鸟经不住饥寒交迫的苦难，很容易死在半路上。

也有成千上万只候鸟死在贪吃的猛禽——雕、鹰和鹞的利爪之下。它们几乎不费吹灰之力，就能在海上飞行的路线上大吃大嚼几顿丰盛的美餐。

还有上万只候鸟死于猎人的枪口之下。

不过，什么也挡不住这群密密麻麻的旅行者前进的脚步。它们会穿过重重迷雾，排除千难万险，飞回故乡，飞回自己的巢穴。

但是并非所有的候鸟都会在非洲过冬，按照“波罗的海航线”飞行。有些候鸟是从印度飞到我们这里来的，扁嘴鳍鹬过冬的地方更远，远在美洲。它们穿越整个亚洲，急急忙忙地飞到我们这里。从它们过冬的住处到阿尔汉格尔斯克郊外的巢穴足足有1500千米，它们需要花费两个月的时间才能飞完整个旅程。

戴脚环的鸟

如果你打死了一只脚上戴着金属环的鸟，那么请你把它脚上的金属环取下来，寄到鸟类脚环管理处吧。地址是莫斯科 K-9，赫尔岑大街 6 号。同时，请附上一封信，写明这只鸟是在什么时候、什么地点被打死的。

如果你捕获了一只戴脚环的鸟，那么请记下它脚环上的字母和编号，然后把它放回大自然中吧。然后写一封信，按照上述地址，把你的发现告诉我们。

如果打死鸟或者捕获鸟的人不是你，而是你熟悉的猎人或者别的捕猎者，请你转告他们应该怎么做。

鸟脚上的这种轻金属环（铝环）是有人特意给它们戴上去的。环上的字母代表的是给鸟戴环的国家和机构。脚环上的那些数字就是它们的编号，这些编号也记录在科学家的记事本里，代表着他给鸟戴上脚环的时间和地点。

这样一来，研究人员就能了解鸟类生活的惊人秘密。

我们这里，在遥远的北方某地，也给鸟戴脚环。这些鸟可能会恰好落在南部非洲或者印度人手中，当然也有可能是其他地方。他们会把脚环从鸟的脚上取下，寄回我们这里。

不过，我们这里的候鸟并不是都飞到南方去过冬的。它们有的会飞向西方，有的会飞向东方，也有的会飞向北方。我们就用给候鸟戴脚环的方法，探知候鸟的秘密。

林中大事记

导读

春二月悄然而至，动物们都开始活动了，候鸟归乡，蝴蝶和蜜蜂开始忙碌起来，平时罕见的小动物们也跑出了家门。大地回暖，植物也随之苏醒，小草从泥土里探出绿芽，连灰绿色的柳树枝上都挂满了黄色的小花。和上个月相比，森林里又有了新的变化。

道路泥泞时期

现在郊外一片泥泞。不论是林中道路，还是乡村小路，雪橇和马车都无法前进。我们得费很大的力气，才能得到森林里的一点儿消息。

雪下的浆果

在林子的沼泽地里，蔓越莓从雪底下钻了出来。乡下的孩子常常跑去采摘蔓越莓。他们说，越冬的果子比新长出来的果子还要甜呢！[1]

为昆虫而生的“圣诞树”

柳树开花了。它那灰绿色的粗枝条上长满了小巧而亮晶晶的黄色小球，把那些枝条上的小疙瘩都遮得看不见了。整棵树变得毛茸茸、轻飘飘的，一副喜气洋洋的样子。

柳树一开花，就到了昆虫们的狂欢节。漂亮的柳树周围热闹极了，大家像围绕着圣诞树一样围绕着它，一幅闹哄哄、喜洋洋的景象：熊蜂[2]嗡嗡地飞舞着，苍蝇没头没脑地到处乱撞，精明实干的蜜蜂正在翻动一根根纤细的雄

[1] 见插图七。

[2] 熊蜂：身体粗壮，有厚毛，习性与蜜蜂相同，飞行时由于翅的振动发出很大的声音。熊蜂对植物授粉有很多作用，是一种益虫。

蕊，忙碌地采集花粉。

蝴蝶在翩翩起舞。瞧，这里有一只锯齿状翅膀的黄蝴蝶，是柠檬蝶。那里有一只棕红色大眼睛的荨麻蛱蝶。

快看，一只长吻蛱蝶落在了毛茸茸的黄色小毛球上，它用它那带有黑色斑纹的翅膀遮住了小黄球，伸出长长的吻管，深深地插到雄蕊间，美滋滋地吸吮着花蜜。

在这一簇快活的树丛旁，还有一棵树，也是柳树，也开了花。不过，那棵柳树上开的花完全是另一种样子：都是模样丑陋、乱蓬蓬的灰绿色小毛球。这些小毛球上也停着昆虫，不过，这棵树周围不像它邻近的那棵柳树周围那么热闹。

不过，偏偏是这棵柳树的种子正在成熟。原来，昆虫已经把黏糊糊的花粉，从黄色小毛球上带到了灰绿色小毛球上。种子将在小毛球内，在每一个瓶子状的长长雄蕊内部生长出来。

葇荑花序

在大河、小溪两岸和森林边缘地带，开出许多葇荑花序。它们不是开放在刚刚解冻的土地里，而是挂在被春天晒得暖洋洋的树枝上。

现在，有许多长长的、浅咖啡色的小穗儿，挂在白杨树和榛子树上，点缀着白杨树和榛子树，这些小穗儿就是葇荑花序。

它们早在去年就长出来了。但是，整个冬天，它们一直保持着老老实实的状态，按兵不动。到了春天，它们就舒展开了，变得松软而富有弹性。

只要你轻轻摇动树枝，黄色的花粉就会像轻烟似的洋洋洒洒飞扬起来。

不过，在白杨树和榛子树的树枝上，除了冒花粉的葇荑花序外，还有别的花——雌花。白杨树的雌花是褐色的小毛球，榛子树的雌花是粗壮的苞蕾，从苞蕾里伸出一些粉红色的细须，好像藏在花蕾里的昆虫的触须。实际上，这是雌花的柱头。每一朵雌花都有好几个柱头，少的有两三个，多的则有五个。

现在，白杨树和榛子树还有长叶子，风在光秃秃的枝叶间自由地通行，把葇荑花序吹得东倒西歪，它卷起花粉，把花粉从一棵树送到另一棵树上。粉红色细须般的柱头接住了花粉，这些怪模样的、硬毛似的雌花就这样受精了。到了秋天，它们将变成一颗颗榛子。

白杨树的雌花也受精，到了秋天，它们将长出含有种子的小黑球。

蝰蛇的日光浴

每天早晨，有毒的蝰蛇[1]都会爬到干枯的小树墩上晒太阳。它爬起来还非常吃力，因为在大冷天，它身体里的血还是很凉的。蝰蛇在太阳里晒暖和了，就会慢慢地恢复生机，变得活泼起来。这时候，它就会动身去捕猎青蛙、老鼠之类的小动物了。

蚂蚁窝松动了

我们在一棵云杉树下找了一个蚂蚁窝。开始，我们以为这是一堆垃圾和枯叶，怎么也没想到它是蚂蚁窝，因为

[1] 蝰（kuí）蛇：一种毒蛇，身长 0.9 ~ 1.3 米，生活于山地、平原。以捕食鼠、鸟、蛇、蜥蜴及蛙类为生。

我们一只蚂蚁也没看到。

现在，土堆上的积雪已经融化了，蚂蚁从窝里爬出来晒太阳。经过漫长的冬眠后，它们个个虚弱不堪，缩在一起，黑乎乎的一团，躺在蚂蚁窝上。

我们用小棍儿轻轻地拨弄它们，它们才不太情愿地动弹了几下，甚至连释放刺激性的蚁酸攻击我们的力气都没有。

它们要过几天才能重新开始劳动。

还有谁苏醒了？

蝙蝠、各种甲虫——扁平的步行虫[1]、圆滚滚的黑色屎壳郎、叩头虫，它们都苏醒过来了。

快来看看叩头虫变戏法吧！只要把它仰面朝天放着，它就会把头向下一磕，吧嗒一声弹起来，凌空翻个跟头，然后落在地上，站得稳稳的。

蒲公英开花了。白桦树也裹上了绿色的轻纱，眼看着

[1] 步行虫：鞘翅目，步甲科昆虫的别名，体长2毫米~8厘米，多为肉食性，大部分步行虫能捕食农作物的害虫。

就要吐出新叶子来。

第一场春雨过后，土里钻出了粉红色的蚯蚓，初生的蘑菇也跟着出来了——羊肚菌和鹿花菌冒头儿了。

池塘里

池塘里活跃起来了。青蛙离开了淤泥的床铺，产完卵，就从水里跳到了岸上。蝾螈[1]恰恰相反，这时候，它刚刚从岸上回到水中。

我们这里，列宁格勒郊外的孩子们管蝾螈叫“哈里同”。蝾螈是黑色的，有尾巴。与其说它像青蛙，倒不如说它像蜥蜴。冬天，它从池塘里爬出来，来到森林里过冬，躲在潮湿的苔藓下冬眠。

癞蛤蟆也醒过来产卵了。不过，青蛙的卵像小泡泡，一团团漂在水里，每个小泡泡里都是一个小小的黑色圆点。癞蛤蟆的卵可不一样，有一条细带子把它们连起来，穿成一串，附在水底的水草上。

[1] 蝾螈（róng yuán）：两栖动物，外形像蜥蜴，头扁，表皮粗糙，背面黑色，腹面红黄色，四肢短，尾侧扁。

森林里的清洁工

冬天常常出现冰冻天，一些鸟类和小兽会被突如其来的严寒冻僵，尸体就被雪掩埋起来。春天一到，尸体就暴露出来了。

不过，这些尸体不会一直待在那儿。它们很快就会被熊、狼、乌鸦、喜鹊、葬甲虫、蚂蚁及其他的森林里的清洁工收拾走。

它们是春花吗?

现在可以找到很多开花的植物。它们是三色堇、芥菜、遏蓝菜、繁缕、洋甘菊等。

你可别以为这些植物都跟春天开的雪花一样，是从地下钻出来的。雪花是先慢慢地伸出一条绿色的小腿，再用尽全身的力气，探出整个身子来。只有到这个时候，它的花才会露面。

三色堇、芥菜、遏蓝菜、繁缕、洋甘菊压根儿就没有地方可以躲着过冬。它们开着花朵，勇敢地迎接冬天。等到它们头顶的不再是积雪，而是蓝色的天空，它们就苏醒过来了，花朵和蓓蕾又会焕发出勃勃生机。

去年深秋，我们看到的那些蓓蕾，它们在草丛里摇身一变，变成花朵望着我们呢！

你说，它们算不算是春天开花的植物呢？

——尼·巴甫洛娃

白色寒鸦

在小雅里奇基村的学校旁边，栖息着一只白色寒鸦。它和一群普通的寒鸦生活在一起。这样的白色寒鸦，就连村里的老人都没有见过。

我们是这所小学的学生，我们也不知道为什么会有这样一只白色寒鸦呢？

——驻林地记者

小学生波利娅·西妮曾娜、盖拉·马斯洛夫

编辑部的答复：

普通的飞禽走兽有时会生下浑身雪白的小鸟或者小

兽。科学家把这种动物称为白化病患者。

白化病分为全白和局部白两种类型，患上这种病是因为身体里缺乏一种染色体——色素。正是色素使羽毛和兽皮变换出各种颜色。

很多家禽和动物体内很可能就缺乏这种色素，如白兔、白鸡、白老鼠等。患白化病的野生动物并不常见。

患白化病的动物一般很难存活下来。它们通常在生下来不久，就被自己的亲生父母咬死了，就算侥幸存活下来，它们的一生也会受到整个族群的攻击。这种“白色丑八怪”，像小雅里奇基村的白色寒鸦那样，即便被自己同族接受和收留，也往往很难长命。因为它在族群中会特别显眼，不论是谁都能一眼看到它，凶禽猛兽肯定是不会放过它的。

罕见的小动物

森林里传来一阵啄木鸟的高声尖叫。那声音尖锐而急促，一听就知道大事不妙。

我赶紧穿过密林，一眼就看见空地上有一棵枯树，枯树上有一个整整齐齐的树洞——那是啄木鸟的窝。只见一只古里古怪的动物正沿着树干，悄悄地向鸟窝爬过去。我没认出来这是什么动物。它的毛色灰灰的，尾巴并不长，尾巴上的毛稀稀拉拉，耳朵很小，像小熊的耳朵，又小又圆。但是它那双眼睛却很像猛禽的，大大的，向外凸出来。

它爬到鸟窝前，往里瞧了瞧。很明显，它想偷吃鸟蛋。啄木鸟拼命向它扑过去，这小东西就往树干后面躲。啄木鸟追过去，它就围着树干转圈。啄木鸟也跟着转起圈来，紧追不放。

这只小兽转着转着，越爬越高，再爬上去就是树梢了，它无处可逃了。啄木鸟看准时机，狠狠地啄了它一口！小兽顾不得那么多，纵身一跳，在半空中滑翔起来。

只见它伸开四条腿，像秋天的一片枫叶似的，在空中飘走了。它的身体微微地左摇右晃，尾巴像船舵一样控制着方向。它飞过空地，最后落到一根树枝上。

看到这里，我才想到，原来这是一只会飞的灰鼠——鼯鼠[1]。鼯鼠的两肋长有皮膜，如果它伸开四条腿，张开皮膜，就能飞起来。

鼯鼠可是森林里的跳伞运动员，只可惜，这样的动物太稀少了。

——驻林地记者 斯拉德科夫

[1] 鼯（wú）鼠：哺乳动物，外形像鼠，前后肢之间有宽大的薄膜，尾长，背部呈褐色或灰黑色。

飞鸟快件

导读

出乎意料的是，春二月里积雪融化引发了大水，森林里也藏着隐秘的危险。大水淹过低洼土地，淹没灌木丛，面对突如其来的大水，森林中的小动物们会遇到怎样的危机呢？它们又会如何机智应对呢？

春水泛滥

春天给森林里的居民带来很多灾难。积雪迅速融化，河水暴涨，很快就淹没了堤岸，一些地方洪水泛滥，成了一片汪洋。

四面八方都传来了动物居民遭殃的消息。最倒霉的是兔子、鼹鼠、野鼠、田鼠以及其他一些住在地下洞穴和田野上的小动物。洪水一下子就灌进了它们的窝，它们只能背井离乡，从家里逃出来。

每只动物都在想尽办法逃避水灾。

小小的鼩鼱逃出洞穴，爬上灌木丛，待在那里等待洪水退去。它饥肠辘辘，一副可怜巴巴的样子。

大水漫上堤岸的时候，地下的鼹鼠差点儿被淹死。它从地底下爬出来，钻入水中游了起来，它要找个干燥的地方躲一躲。

鼹鼠是出色的游泳高手，它能连续游好几十米。游在水面上，它那乌黑发亮的皮毛竟然没有被凶禽猛兽发现，这让它好不得意。

爬上岸后，它又顺利地钻到地下去了。

树上的兔子

兔子遭殃了。

一只兔子原来住在一条大河中央的小岛上，每天夜里，它都出来啃白杨树的树皮。白天它就躲在灌木丛中，免得被狐狸和猎人发现。

这只兔子年纪还小呢，不太机灵，它压根儿没察觉到周围的河水正发出噼里啪啦的声响，把许多冰块冲到了小岛周围。

这天，兔子正在灌木丛中的家里酣睡，太阳晒得它暖暖的，舒服极了。它压根儿没发现河水正在迅速上涨。直到它感到身下的皮毛都湿漉漉了，才醒过来。等它跳起身来的时候，周围已经是一片汪洋了。

发大水了。现在，水刚刚漫过它的脚背。兔子赶紧蹿到了小岛中央，那里的土地还是干的。

可是，河里的水涨得很快。河水包围了小岛，小岛的陆地变得越来越小。兔子从这边蹿到那边，从那边蹿到这边，可是眼看着小岛就要被河水吞没，它又不敢往冰水里跳。它怎么可能游过河呢？

就这样，它苦等苦熬了一天一夜。

第二天清晨，小岛只剩下一小块地方露在水面上。上面有一棵大树，大树的树干很粗，歪歪扭扭的，有很多枝节。这只被吓坏的兔子一直围着树干转圈。

第三天，洪水已经涨到了树下。兔子拼命地往树上跳，可是它跳了好几次，都没成功，每次都跌进水里。

不过最后，兔子总算跳上了那根最低的树枝。兔子在树枝上面找到一个安身的地方，它趴在上面，苦苦地等待洪水退去。

这会儿，水已经不再上涨了。不过，兔子不需要担心自己会被饿死。虽然老树皮又硬又苦，但还是可以充饥的。

最可怕的是风。大风一来，树干就开始摇晃，兔子好不容易才能让自己不从树上掉下来。它像一个爬上桅杆的水手，脚下的树枝像船上的横桁一样摇摆不定，下面奔流着冰凉刺骨又深不见底的河水。

宽广的水面上不断有树木、树枝、枯草、麦秸和动物的尸体漂过。

当它看见另一只兔子的尸体随着波浪一上一下，晃晃悠悠地从它身边漂过去的时候，这只可怜的兔子吓得浑身打起了哆嗦。那只兔子的爪子被一根枯树枝缠住了，它挂在枯树枝上，肚皮朝着天，直愣愣地伸着四条腿，跟着枯树枝一起漂流。

可怜的兔子在树上苦苦熬过了三天。

后来，水终于退下了。兔子才从树枝上跳了下来。

现在，它还待在河中央的小岛上。它要一直待到炎热的夏天，那时候，河水变浅，它才能回到岸上去。

船上的松鼠

春水淹没了草地，渔夫布下了一个袋子形状的网，他要捕捉鳊鱼。他划着小船，在那些冒出水面的灌木丛中慢慢穿行。他看见一丛灌木，上面有一只稀奇古怪的淡棕色的蘑菇。忽然，这只蘑菇冷不防地跳了起来，径直向渔夫冲过去，掉进了小船里。

刹那间，蘑菇摇身一变，变成一只湿漉漉、毛蓬蓬的松鼠。

渔夫把松鼠送到岸边，松鼠立刻从船里跳了出来，一蹦一跳地蹿进树林里去了。这只松鼠为什么会出现在水中的灌木丛里？它被困在那里多久，没有人知道。

鸟的日子也不好过

对于鸟类来说，发大水没有那么可怕。不过，它们也因此吃尽了苦头。

淡黄色的鹀鸟把窝安在一条大水渠的附近，它已经在窝里生了蛋。大水一来，冲走了它的窝，把它的蛋也冲走了。鸥鸟只能另外寻找一个地方安家。

沙锥停在树上，它焦急地等啊盼哪，一心等待大水退去。沙锥属于鹬类，生活在林中的湿地里。它用自己长长的喙从松软的泥土中找东西吃。它天生长着一双适合在泥地里行走的脚，要是让它站在树干上，那就像让狗站在栅栏上一样难受。

不过，它还是待在树上，盼着什么时候它可以重新用双脚站在松软的湿地里，用长长的喙在湿地啄出几个洞。它可不能离开自己亲爱的湿地！

所有的地方都已经被别的沙锥占据了，它们是不会放它过去的。

意外的猎物

我们的驻林地记者是一个有名的猎人。有一天，他悄悄地向待在湖中的一群野鸭走过去。那群野鸭栖息在湖上的灌木丛后面。猎人穿着高筒靴，在水中轻轻地移动着脚步，他小心翼翼，蹑手蹑脚地一点点靠近野鸭。湖水漫上了岸，淹没了他的膝盖。

突然，他听到面前的灌木丛后面传来一阵喧嚣声和拍水声，接着，他看见一个灰色的、脊背又长又光滑的怪物正在浅滩中挣扎。他没有多想，就用打野鸭的霰弹，冲着这个不知名的怪物，连开了两枪。

灌木丛后面的水哗哗地响了起来，水面一阵翻腾，泛起很多泡沫，接着就没有一点儿声音了。猎人走过去一看，原来他打死的是一条大大的梭子鱼[1]，足足有1.5米长。

这个季节，梭子鱼都要离开河流和湖泊，到春水淹没的岸上，去草里产卵。这一带浅水很暖和，小梭子鱼从卵里孵出来之后，就随着退走的湖水，游到河流和湖泊中。

猎人不知道这件事，如果知道，他一定不会违法捕杀梭子鱼。因为法律禁止人们在春季捕杀到岸上产卵的鱼，即便是梭子鱼或者其他凶猛的鱼类也不例外。

最后的冰块

在一条小河的河面上，有一条冰道横穿过去，这是集

[1] 梭子鱼：生长在淡水中的食肉鱼，身长可达1.5米。它的体重每增长1公斤，食量就要增加数倍。

体农庄的庄员们架着雪橇行走的道路。春天到了，河上的冰浮了起来，开裂了。于是车道碎成了一块块冰，碎冰块摇摇晃晃，随着流水向下游漂去。

其中有一块冰很脏，满是马粪、雪橇的车辙和马蹄印。冰块中间，还有一个马掌上的钉子。

开始，冰块在河床里漂流。两岸飞来白色的鹡鸰，落在冰块上捕食苍蝇。后来，河水漫上了岸，冰块被冲到了草地上。冰块下有一群漂起来的鱼，在水淹的草地上游荡，有时也会从冰底下穿过。

有一次，冰块旁钻出来一只没眼睛的深色小动物，它从冰块旁边冒出水面，爬上了冰块。原来，这是一只鼹鼠。大水淹没了草地，它在地底下憋得慌，便游到水面上喘口气。这个冰块的一边恰好被一座干燥的小土丘挂住，鼹鼠就跳上了土丘，利索地挖了个洞钻进了地下。

冰块越漂越远，最后漂进了森林，撞上了一个树桩，卡住了。树桩上聚集了一群饱受洪灾之苦的陆生小动物：森林中的老鼠和小兔子。它们个个都遭受了灾难，个个都面临死亡的威胁。小动物们又冷又怕，浑身发抖，你挨着我，我靠着你，紧紧地挤作一团。

不过，洪水很快就退去了。阳光融化了冰块，只剩下那个马掌上的钉子。小动物们也跳到了岸上，四下跑开了。

在大河里、小河里和湖泊上

小河上漂着密密麻麻的木材：人们开始利用流水运输冬季砍伐下来的木材了。在小河流入大江、大湖的地方，工人们做起了一道木栅，堵住小河口，在那里把木材变成筏，继续向前输送。

在偏僻的森林里，有几百条小河，其中很多条小河流入姆斯塔河，姆斯塔河又流入伊尔门湖。伊尔门湖的湖水又流入宽广的沃尔霍夫河，汇入拉多加湖，最后拉多加湖的湖水流入涅瓦河。

冬季，伐木工人在偏僻森林里的某处砍伐木材。到了春天，他们把木材推到小河里去。于是，那些被砍伐下来的木材先后沿着水上的小路、小道和广阔的大路，踏上征程，开始旅行。有时候，树干里住着一只木蠹蛾，它也随着树干一起进入了列宁格勒市区。

伐木工人都是一些见多识广的人。

有位工人告诉我这么一个故事。一只松鼠坐在林中小河边的一个树墩上，它正用两只前爪捧着一颗大大的松果球啃。突然，从树林里跑出一只大狗，大狗汪汪地叫着，向松鼠直扑过来。松鼠本可以逃到树上去，可是附近一棵树也没有。松鼠立刻丢下松果，毛茸茸的尾巴翘在背上，一蹦一跳地朝小河边跑去。大狗在它后面穷追不舍。

当时，河面上正漂浮着密密麻麻的木头。松鼠跳上离岸最近的那根木头，然后又从那根木头跳到第二根木头上，接着跳上了第三根木头。这只大狗一气之下，也跟着冲了上去。[1]可是，狗的腿又长又直，哪能在圆滚滚的木头上跳跃？木头在水中打滚儿，它重心不稳，后腿一滑，前腿也跟着滑，这个冒失鬼一下子就掉到了水里。这时候，河面上正好又漂来一大批木材。一眨眼的工夫，狗就不见了。

那只机灵轻巧的小松鼠，从一根木头跳到另一根木头上。它平稳地跳过一根又一根木头，蹿到河对岸的安全地带了。

还有一名伐木工人看到一只野兽，它的毛是棕红色的，个头儿有两只猫那么大，嘴里叼着一条大鳊鱼，跳上

[1] 见插图八。

了一根单独流送的粗壮木头。那野兽在木头上坐稳，不紧不慢地享用起它的大餐。吃饱喝足后，它又梳理了一番毛皮，打了一个大大的哈欠，接着钻进了河里。原来，那只野兽是一只水獭。

鱼在冬天干什么?

在天寒地冻的冬天，许多鱼都在睡大觉。

鲫鱼和冬穴鱼早在秋天就钻到河底的淤泥里去了。鮈鱼和小鲤鱼在水洼沙底里过冬。鲤鱼和鳊鱼待在长满芦苇的河湾和湖湾的深坑里熬过整个冬天。秋天一到，鲟鱼待在大河底的沟里，密密麻麻地挤成一团，以防冬季严寒的侵袭。因为河越深，靠近河底的水越暖和。

冬眠的鱼现在已经醒来啦，都忙着产卵呢!

阅读感悟

在这么危险的紧急关头，松鼠机智地躲过了大狗的追击。因为松鼠懂得观察，懂得利用自己的优势来让自己脱离险境。在学习和生活中，我们也要懂得灵活变通，把握自己的优势，扬长避短。

祝你钩钩不落空

导读

在森林里不仅有狩猎活动，还有捕鱼活动呢！气温回升，河水暴涨对于陆生动物来说是巨大的灾难，但是对于钓鱼的人来说，那可是值得欢呼的好事，因为他们可以钓到更多的鱼。

以前，有种古老又可笑的风俗，人们往往对去狩猎的人说："祝你连一只鸟都打不着！"[1]可是，却喜欢对去钓鱼的人说："祝你钩钩不落空！"

在我们的读者中，也有很多爱好钓鱼的人。我们不仅

[1] 古时候，人们迷信，怕说了吉祥话遭到鬼的忌妒而倒霉，所以故意对出发打猎的猎人说不吉利的话。

想祝福他们钓鱼的时候钩钩得手，还想告诉他们什么时候、在什么地方最容易让鱼儿上钩。

河流一旦开冻，就可以立刻开始用蚯蚓钓江鳕了。钓的时候，要把作为饵料的蚯蚓放到河底。池塘和湖泊里的冰一融化，就可以钓红鳍鱼。红鳍鱼喜欢待在岸边的杂草丛中。再过些时候，就可以用底钩钓圆腹雅罗鱼了。河水变清后，可以用绞竿和角状捕鱼钩捕活鱼了。

我国著名的捕鱼专家费奥佩尼特·帕拉马诺维奇·库尼洛夫说过："钓鱼的人应该研究鱼类在一年四季不同气候、不同时间的生活习性。这样，当他来到河边或者湖边钓鱼的时候，才能正确地选择钓鱼的好地方。"

春水退去后，被水漫过的堤岸就露了出来，河水也开始变清澈。这时候就可以钓梭子鱼、鲤鱼和鳜鱼了。最佳的垂钓地点是小河口、河汊口、浅滩、石堆旁、陡峭的河岸和河湾附近，尤其是岸边被水漫过的树木和灌木附近。在水面平静且狭窄的地方，把鱼钩抛到正中央。你也可以选择在桥墩下、小船和木筏子上垂钓。在磨坊的堤坝两岸或树丛下，不管是深水区还是浅水区，都可以钓到鱼。

库尼洛夫还说过："选择带浮漂的鱼竿，它适合钓各种鱼，从初春到深秋都可以用，无论在什么地方都可以钓到鱼。”

从 5 月中旬开始，就可以在湖泊和池塘里用红线虫钓冬穴鱼了。再晚些时候，能钓斜齿鳊、鳜鱼和鲫鱼。岸边的水草里、灌木丛附近和水深 1.5 ~ 3 米深的河湾，都是垂钓的好地方。不过，不要总是待在同一个地方。如果没有鱼上钩，就转移阵地，转到另一处灌木丛旁，或芦苇丛、牛蒡丛附近。你也可以坐在小船上垂钓，这样更方便一些。

在水流平缓的小河里，河水一变得清澈，就可以在岸上垂钓了。这个时候，最适合钓鱼的地方是陡峭的河岸、水中有残枝树丛的河心小坑旁，还有岸边有杂草和芦苇的小河湾。

有时候，这种河岸、河心小坑旁和小河湾是很难行走的，因为这些地方十分泥泞，周围都是水。如果想办法踩着草墩，或穿着高筒靴走过去，把饵料甩到牛蒡后或者芦苇丛里，到时候就可以钓到不少鳜鱼和斜齿鳊。

在岸上钓鱼要选好地点。找个没人钓过的地方，拨开树丛，在树枝间伸出鱼竿，甩出鱼钩。木头桥墩、小河口、磨坊、堤坝都是理想的钓鱼场所。这里经常可以钓到鱼，而且经常可以很顺利地钓到鱼。

钓大的圆腹雅罗鱼要用豌豆、蚯蚓和蚂蚱做诱饵，就用普通带浮漂的钓鱼竿，从岸上垂钓，也可以用不带浮漂的钓鱼竿。从5月中旬开始，一直到9月中旬，都可以用不带浮漂的钓鱼竿。

适合用这种方法钓淡水鳜鱼的地方是大水坑，河流曲折、水流湍急的地方，林中小河水面比较宽阔的地方，水流平缓、河中有被风刮倒的树木的地方，岸边有灌木丛的深水潭，堤岸和石滩下面。在石滩和有暗礁的水里，你甚至可以钓到鳜鱼和回鱼。

雅罗鱼、银飘鱼及其他小鱼，要在离岸边不远的浅水急流中，或者在有砾石、岩石的河汊里才能钓到。

林间大战

导读

我们都知道动物之间会因为领地而产生纠纷，殊不知植物之间也有着隐秘的纷争。在森林里不同树木之间也会有“战争”，云杉王国、山杨王国与白桦王国之间的生存大战一触即发，森林并不是我们表面看到的一派祥和的景象。

森林里，不同树种之间一直以来都在进行着“战争”。我们派出了几位特约记者去采访现场。

我们的森林记者去了长着白胡子的百年云杉王国。这里，每个老云杉战士都有两三根电线杆子连在一起那么高。

这个王国阴森森的。老云杉战士们站得笔直，板着脸，一声不吭，保持着阴郁的沉默。它们从头到脚都是光溜溜的，只有少数弯弯曲曲的枯枝翘出来，都是枯死了的。

在离地高高的空中，这些巨树毛蓬蓬的针叶树枝纠缠在一起，连成黑压压的一片，形成一个巨大的屏障，把整个王国遮得严严实实。有这样厚厚的屏障，阳光无法穿透，所以树下都是黑乎乎的一片，连空气的流动都有些不通畅，感觉闷闷的，发出一股腐烂、潮湿的气味。偶尔落到这里的一些幼小的绿色植物，很快就会凋零，只有一些灰色的苔藓和地衣对这里的环境十分满意。它们吸取主人的血——树液，紧紧地依附在战斗中倒下的巨树的尸体上。

在这里，我们派去的森林记者没有碰到任何一头野兽的踪迹，听不到任何鸟类的歌声。他们只遇见了一只孤僻的猫头鹰。这只猫头鹰到这里是为了躲避灿烂的阳光。被我们的森林记者惊醒后，猫头鹰竖起全身的羽毛，抖动着胡子，角质的钩嘴发出瘆人的咕咕声，用来吓唬这些陌生的闯入者。

在云杉王国，没有风的日子，整个国家一片死寂。风从上面刮过去的时候，那些坚定的、挺拔的巨人摇摇毛蓬蓬的树梢，发出气势汹汹的怒吼声。在古老的森林中，要数庞大的云杉个子最高、最粗壮强大、数量最多。

走出云杉王国这个压抑的地方，我们的森林记者来到了一片充满生机的地方，这就是山杨树和白桦林的王国。这里是一个完全不一样的地方，山杨树、白桦树的绿色嫩芽已经开始迫不及待地钻了出来，它们很欢迎森林记者的到来，发出窸窸窣窣的声音，温柔而动人。

这里就像欢乐的合唱厅，各种鸟在林中飞舞歌唱，声音有高有低，遥相呼应。太阳在这里也被请进来，穿过树梢照耀着每个角落，连空气也变得多彩斑斓。空中不时还会出现一道光影，阳光形成的金色小蛇、圆圈、月牙儿和小星星，在光滑的树干上划过去。地面上聚集着矮小的草类家族，它们在主人的绿色天幕之下如鱼得水，无拘无束。老鼠、兔子和刺猬在地上蹦来蹦去，有的还从记者脚边穿过。

风吹过的时候，这个快乐的国度就会响起一片喧嚣。即使没有风的日子也安静不下来，不管是白天还是晚上，都会有树叶发出的沙沙声，好像是谁在说悄悄话。

这个国度有一条界河，河的那边是一片荒地。那里曾经是很大一片树林，冬季，树木已经被砍伐殆尽。过了荒地，又是一片巨大的、长势旺盛、郁郁葱葱的云杉树林，它们黑黝黝的，像一堵高墙屹立在面前。

我们编辑部得到消息，一旦林中的积雪融化，这片荒地立刻就会变成一个战场。

因为这块荒地炙手可热，各个绿色家族的居住地已经拥挤不堪了，只要附近腾出一点儿新地方，各个家族都会争先恐后地抢占地盘。

我们的森林记者渡过河，来到这片荒地，找了一块空地支起帐篷，来见证这场战争的过程。

这天一早，太阳的光芒照耀在大地上，森林记者们还在帐篷中熟睡，突然好像听到几声枪响，他们立刻从帐篷里出来，跑到了发出声音的地方。原来是云杉王国已经开始对荒地发起进攻了，它们派出了自己的空军先头部队来抢占有利地形。

巨型云杉球果在太阳的炙烤下，一个个爆裂开来，发出噼里啪啦的声音，就像玩具手枪发射子弹那样。球果越来越大，鼓开后一下子爆开，就像一个秘密的军事掩蔽所，一旦张开，里面就会飞出很多驾驶滑翔机的战士，它们就是云杉的种子。种子被风托在半空中，打着旋，时而落下，时而升高。

每棵云杉都有成百上千个球果，每个球果里都藏着一百多架小型滑翔机——种子。无数的种子在空中飞舞，降落在荒地上。

云杉的种子飞得并不远，虽然它有小翅膀，但是因为本身有一点儿分量，所以很容易半路跌落，微风并不能把它们送到很远的荒地去。不过即使它们落地，只要不生根，狂风一来，就又会从荒地上飞起来，重新朝着目的地进发。就这样，几万名战士一同攻占，就会抢占所有的荒地。

就在它们为赢了战争而兴奋的时候，还有更严酷的考验在等待着它们，那就是寒冷。这里的早晨十分寒冷，没有太阳的照射，这些种子差点儿就被冻死。还好过了几天，太阳及时出来了，一场暖和的春雨又让大地变得松软，幼嫩的种子才能在这里生根发芽。

云杉王国占领荒地的时候，河对面的山杨树也没有闲着，它们虽然没有参与到战斗中，不过它们已经开花了，种子也开始变得成熟起来。

再过一个月，夏天就要来到了，云杉王国这个阴森而忧郁的国度也要开始庆祝它们的节日。云杉要开始换装，原本一点儿生机也没有的地方瞬间热闹起来。有些云杉的树枝上长出了红色的果子，像是点上了红蜡烛，那是新生的球果。云杉换上了一身盛装：墨绿色的树枝上缀满了金色的葇荑花序，一个个都在为明年继续战斗的种子做准备。

那些在荒地落户的种子，已经在温暖的春泥里茁壮地成长，它们受到春水的滋润，膨胀起来，眼看着就要破土而出。这时候它们已经不能叫作种子了，而应该叫作小树苗。

这个时候，白桦树还没有开花呢。

在我们的森林记者看来，这片荒地被云杉成功占领了，其他种子迟来一步，已经错过了这个好机会。

不过战争还没有结束，我们希望能够收到各地森林记者发来的最新战况，好在下一期的《森林报》上刊登。

农庄纪事

导读

气温回升后，田地里的积雪都融化了，集体农庄的庄员们来到了田地里忙碌。拖拉机和播种机成了十分重要的工具，庄员们把精选后的种子撒进田地里。除了田地里，蜂箱里的第一批蜂蜜也即将收获，植树造林也开始了，农庄里一幅忙碌而充实的景象。

雪刚刚融化，集体农庄的庄员们就驾驶着拖拉机到农田里去了。耕地时要用拖拉机，耙地时也要用拖拉机。如果给拖拉机装上钢爪，它还能铲除树墩，清理出新的耕地。

在拖拉机辛勤工作时，总会有一些小动物跟在它的后面。小动物们是在寻找拖拉机工作后的土地中出现的丰富食物。走在前面的是一群蓝黑色的白嘴鸦，它们一前一后、摇摇摆摆地跟在后面走，如此美妙的食物够它们吃上一阵子的。

白嘴鸦身后跟着一群蹦蹦跳跳的黑乌鸦和白喜鹊，土地里的蚯蚓、甲虫和甲虫的幼虫都是它们餐桌上的美味。

土地耕过、耙平后，就要开始播种了。这时，庄员们会开着拖拉机，带上播种机来到田地里，播下新一年的种子。精选过的种子从播种机里均匀地撒在翻新的土地里。

庄员们播种的顺序一般是这样：最先种下的是亚麻种子，接着是娇嫩的春小麦种子，最后是燕麦和大麦种子。

这个时候，去年秋天就已经播种的冬小麦和黑麦已经长出好几十厘米了。它们在雪地里沉睡了整个冬天，现在长得都很不错。

春天的田地里总是不安静的，在生机勃勃的绿茵丛中，黎明和黄昏时分总会传来一阵“契尔——维克！契尔——维克！”的声音，这阵声音听起来像是蟋蟀在叫，又像是大车驶过去时发出的嘎吱声，却又看不见大车的踪影。

不过，这不是蟋蟀在叫，也不是大车驶过，这只在唱歌的动物是美丽的“田公鸡”，也就是雄灰山鹑[1]。它浑身的羽毛都是灰色的，但眉毛却是鲜艳的红色，看起来很漂亮，它的两只爪子是黄色的，灰色的外衣上还有一些白色的花纹，颈部和两颊是橙黄色的，看起来很特别。它的妻子雌灰山鹑早已在做好的巢中等待着它，它们的巢建在一片绿茵丛中。

牧场上，嫩草已经长出新绿。黎明时分，牧民们已经开始把牛群、马群赶到草场上吃草。牛马们现在已经不睡懒觉了，它们会发出一阵阵牛叫声和马嘶声。它们叫得很响亮，这可吵醒了在屋里睡觉的孩子们，他们只好也爬起来迎接新的一天。

有时候，庄员们会看见在牛背和马背上有寒鸦和椋鸟这些不速之客，它们像骑士一样站在牛和马的背上，用嘴不停地啄着，发出笃笃声。牛和马本来可以甩甩尾巴，像赶苍蝇一样甩掉这些小动物，但它们并没有这么做，这是为什么呢？

原因很简单：这些小动物分量不重，还可以帮助牛和

[1] 灰山鹑：雄鸟体长近20厘米，酷似鸡雏，头小尾秃，额、头、颊和喉均呈淡红色。周身羽毛有白色羽干纹。以谷类和杂草种子为食。冬季常栖息于近山平原，潜伏于杂草丛间。

马清理皮肤中的牛虻幼虫和苍蝇在伤口处产下的卵。所以，牛和马很感谢身上的“骑士”们给它们洗澡杀菌。

胖乎乎、毛茸茸的熊蜂早已醒来，在空中嗡嗡地叫着；闪亮亮的黄蜂扭着细小的腰肢在空中飞来飞去。这时候，蜜蜂也该出来了。

庄员们把藏蜂室和在地窖里过了一冬的蜂房搬出来，拿到养蜂场上。在地窖里待了整个冬天，蜜蜂们都憋坏了，它们纷纷爬出蜂房，呼扇着金色的翅膀，在太阳底下享受阳光的沐浴。它们在阳光下待了一会儿，晒得暖暖和和的，然后扇扇翅膀，就飞去采花蜜了。一想到香甜可口的花蜜，蜜蜂们个个积极地去采集今年的第一批蜂蜜。

农庄的植树造林

每年春天，列宁格勒的农庄都要栽种好几千公顷的树林。在许多地方，每年要开辟 10 ~ 15 公顷的苗圃。

——塔斯社列宁格勒讯

集体农庄新闻

新城市

昨天一晚上的工夫，果园附近就出现了一座新城市。这个城市里所有的房子都是整齐划一的，样式一模一样。听说这些房子都不是现场建造的，而是从别处搬迁过来的。这些房子就是蜜蜂的蜂房。

——尼·巴甫洛娃

好日子

如果土豆也会唱歌，你们今天就能听到世界上最欢乐的歌声。今天是土豆的好日子——它们要被送到田里去了。人们把它们小心翼翼地装到箱子里，搬上汽车，运走了。

为什么要这么小心翼翼呢？为什么要装在木箱子里，而不是装在麻袋里？

这是因为，每个土豆都长了芽。多么奇妙而美好的芽！短短的、胖胖的、毛茸茸的，晒得黑黑的。芽的底部宽宽的，凸起白色的小包，它们正在向外伸出根呢！芽上面尖尖的，已经露出了很小的叶子。

神秘的坑

去年秋天，学校的园地里就挖好了一些坑，谁也不知道这些坑是干什么用的。时常有青蛙掉进坑里，所以有人以为这些坑是专门用来捉青蛙而设下的陷阱。

现在，连青蛙也明白了，这些坑是用来栽果树的。

孩子们分别在每个坑里栽上苹果树、梨树、樱桃树、杏树的小树苗。

每个坑中间都立了一根木桩，小树苗就绑在上面。

修“指甲”

集体农庄有专门给牛修指甲的美容师。他把牛的四只蹄子洗得干干净净，把它们的指甲修剪好。这些牛很快就要到牧场去了，所以必须在这之前给它们好好收拾一番。

开始农忙了

拖拉机日夜不停，在田里轰隆隆地开着。夜里，只有拖拉机在工作。第二天一早，就会有一大群寒鸦大摇大摆地跟在拖拉机后面。不过，就算它们放开肚子吃，也吃不完被拖拉机翻出来的蚯蚓。

河流和湖泊附近，跟在拖拉机后面走的不是一群黑压压的寒鸦，而是白花花的鸥鸟。鸥鸟也很喜欢吃蚯蚓和在土里过冬的甲虫幼虫。

奇妙的芽

在黑醋栗树丛中，有一种奇怪的嫩芽。这种嫩芽又大又圆，有的嫩芽张开后，样子很像极小的甘蓝叶球。如果你走近些，用放大镜一看，会被它可怕的样子吓到，因为在嫩芽里面住着一条条长虫，它们弯弯扭扭，蹬着小腿，抖着胡须。

这些小动物就是扁虱。它们在嫩芽里寄居了整个冬天，而且变得越来越多，所以嫩芽也被它们撑得鼓鼓囊囊的。这种虱子是黑醋栗树最可怕的敌人，它们会毁坏黑醋栗树的芽，还会携带传染病菌，这会使黑醋栗树无法结出果实。

所以一旦发现黑醋栗树有很多这样鼓起来的芽，就要赶紧把它们摘下来烧掉，不然等到这种鼓芽长满全树，整棵树就无法结果甚至会被整个毁掉。

都市新闻

导读

大地完全解冻了！在春二月，城市里的公园经过雪水洗礼，开始慢慢恢复生机，树木长出新芽，美丽的蝴蝶也纷纷飞来。学校的孩子们在植树周也都出动进行植树活动了。而这时，天空中落下春天特有的神奇“蘑菇雪”，那又是什么样的自然现象呢？

植树周

积雪早已融化，大地已经解冻。在城市和区县里，植树周开始了。春季植树的这些日子，是我们这里盛大的节日。

在学校的园地、花园和公园里，房子附近，大路上，到处都是孩子们刨坑挖土、准备植树的身影。

涅瓦区少年自然界研究者活动站准备了几万棵果树苗。

苗圃把两万棵云杉树、山杨树、枫树树苗分给了滨海区的各个学校。

——塔斯社列宁格勒讯

林木储蓄箱

田野辽阔，一望无际。要保护这么多田地不受风害，需要不断地植树造林。我们学校的孩子们知道，种植防风护林带是一件非常重要的国家大事。所以，春天，在六年级一班的教室里，有一只大木箱，这是林木储蓄箱。箱子里装满了林木的种子，有枫树种子，有白桦树的葇荑花序，有结实的棕色橡子……这些都是孩子们从家里带过来的。他们用桶装好种子，带到学校来，倒在木箱里。就拿维佳·托尔加乔夫来说，光榛树种子他就收集了10千克。到了秋天，储蓄箱就装不下更多的种子了。我们会把收集到的种子交给政府，用来开辟新的苗圃。

——丽娜·波丽亚诺娃

在花园和公园里

一层柔和而透明的绿色烟雾把春天的树木笼罩起来，仿佛我们冬天呼出来的气似的。不过，等到树木开始长出叶子，这层烟雾就会随之消失。

大而美丽的长吻蛱蝶登场了。它浑身是褐色的，仿佛披了一身天鹅绒，带着浅蓝色的斑点。它的翅膀末梢却是白色的，就像褪了色一样。

还有一只有趣的蝴蝶也飞来了。它的模样长得像荨麻蛱蝶，只是个头儿小一些，色彩没有那么鲜艳，是淡褐色的。它的翅膀边缘呈锯齿状，锯齿缺得很深，好像扯破了似的。

如果你捉来一只仔细瞧，就会发现它的翅膀下面有一个白色的字母 C，好像是有人故意给它做了标记一样。

这种蝴蝶的学名叫作“C 字白蝶”[1]。

[1] C 字白蝶：又名葑（fēng）蝶。

不久之后，白粉蝶——小粉蝶和大白蝶也要出来了。

七鳃鳗

我们全国，从列宁格勒到萨哈林岛，在大大小小的河流里，到处都有一种奇怪的鱼出没。这种鱼的身体又窄又长，猛地一看，你会以为看到了一条蛇。它们的身体两侧没有鳍，在背上和靠近尾巴的地方长着鳍。它们游起来的时候，身体一弯一扭的，很像一条蛇。它们的皮肤柔软，上面没有鱼鳞。它们的嘴巴也不像普通的鱼嘴，它们的嘴巴是一个漏斗形的圆孔，像一个吸盘。看到这种吸盘，你会认为那根本不是鱼嘴，而是一条巨型水蛭。

在农村，人们管它叫“七星子”，因为在它的身体两侧、眼睛下方，一共长着 7 个呼吸孔——7 个鳃。

七鳃鳗的幼虫是一种沙栖昆虫，长得很像泥鳅。孩子们常常把它们捉来，挂在鱼钩上当作鱼饵，用来钓凶猛的大鱼。

有时候，七鳃鳗吸附在大鱼身上，跟着大鱼在河流中一起漫游，大鱼怎么都摆脱不掉它们。

渔夫还说，有时候七鳃鳗会吸附在水下的石块上。它们吸住石头，不断地扭动身子，又是抖动又是拉扯，会让石头都移了位置——谁能想到这种鱼竟然会有这么大的力气。

七鳃鳗把石头搬开之后，就在石头下面的坑里产卵。这种鱼还有一个稀奇古怪的名字，叫作石吸鳗。

这种鱼看上去并不招人喜欢，模样也不太好看。但是如果把它们放在油锅里煎一煎，加点儿醋，味道很不错呢！

街头生活

一到晚上，蝙蝠就开始在城郊的夜空飞舞了。它们才不会理会路上来往的行人，自顾自在空中捕捉蚊子和苍蝇。

燕子飞来了。在我们这里有三种燕子：第一种是家燕，它们有一条长长的开叉的尾巴，脖子上还有一个红棕色的斑点；第二种是白腹毛脚燕，它们的尾巴短短的，脖子是白色的；第三种是小个子的灰沙燕，它们浑身都是灰色的，只有胸脯那片羽毛是白色的。

家燕通常把窝做在城郊的木屋上。白腹毛脚燕的窝常常在石头房子上。而灰沙燕通常在悬崖峭壁的洞里繁殖后代。

这三种燕子飞来之后，要再过很久一段时间，雨燕才会来。区分雨燕和普通燕子的方法很简单。雨燕从房顶上掠过的时候，往往发出刺耳的尖叫声。它们看起来浑身乌黑，翅膀也不像普通燕子那样是尖角的，雨燕的翅膀像一把镰刀，是半圆形的。

这时节，叮人的蚊子也开始露面了。

城市里的海鸥

涅瓦河一开冻，河面上空就出现了飞翔的海鸥。它们一点儿也不害怕轮船和城市的喧嚣声，当着人类的面，镇定从容地从水里捉小鱼吃。

海鸥飞累了，就直接落到铁皮屋顶上休息。

飞机里长翅膀的乘客

谁也想不到，飞机里坐着长翅膀的乘客。只有听到那均匀的嗡嗡声，才会想到这件事。一批高加索蜜蜂分别待在 200 间舒服的客舱里——那是胶合板做成的木箱。飞机要把这 800 个蜜蜂家庭从库班运送到列宁格勒。

这些长翅膀的乘客一路上有吃有喝，飞机里给它们提供了“蜜粮”，供应充足着呢！

——尼·伊凡琴科

蘑菇雪

5月20日，早晨，阳光灿烂，东方的天空一片蔚蓝。可是，天空竟然下起了雪。雪花就像闪闪发光的萤火虫，轻飘飘地漫天飞舞。

冬天，你吓唬不了人了，这场雪的寿命长不了。这场雪就像夏天的太阳雨一样——太阳会透过雨丝露出笑脸，这样的雨只会让蘑菇生长得更快。

你看，雪一落在地上就融化了。

如果你到城外的森林里去看，也许会发现惊喜。说不定，在融雪下的土地上，能找到棕色的、满是褶子的伞帽，那是早春冒出的第一批蘑菇——羊肚菌和鹿花菌，它们的味道可是最鲜美的。

——摘自少年自然界研究者的日记

咕——咕——

5 月 5 日，早晨，郊外的公园里响起了第一声啼鸣："咕——咕！"

一星期后，在一个温暖、宁静的夜晚，忽然有什么东西在灌木丛中叫了起来，叫声是那么清脆、那么动听。开始的时候声音轻轻的，后面越来越响，最后索性大声尖叫，婉转啼鸣起来。那叫声向四周蔓延开来，嘹亮动人，一阵紧接着一阵，如同"大珠小珠落玉盘"，十分动听。

这下，人们就都明白了，原来是夜莺在歌唱。

——摘自少年自然界研究者的日记

打靶场：第二次竞赛

1. 春天最早出现的食用蘑菇是哪一种？

2. 为什么白嘴鸦爱跟在耕地机后面？

3. 喜鹊窝和乌鸦窝有什么区别？

4. 哪种蜘蛛被叫作“流浪汉”？

5. 哪种燕子先飞到我们这里，雨燕还是家燕？

6. 如果人造椋鸟房不够用的时候，椋鸟会在什么地方做窝？

7. 为什么椋鸟和寒鸦爱骑在牛背和马背上？

8. 为什么家鸭和家鹅在春天会突然忧伤地叫起来，而且变得烦躁不安？

9. 春汛来了，什么样的鸟会遭受苦难？

10. 春汛期内，禁止用枪捕杀哪种鱼？

11. 哪种动物更怕冷，鸟类还是爬虫类？

12. 青蛙舌头的哪个部位与嘴相连?

13. 图中是两类鸟的翅膀，生活在不同环境中的鸟长着不同的翅膀。请指出下面两种鸟，哪种鸟生活在密林中?哪种鸟生活在开阔地带?

14. 谜语：身穿黑衣，蛮不讲理；换上红衣，服帖无比。

15. 谜语：前面看像锥子，后面看像叉子，横看像纺锤，说起话来像柜子。背上披块蓝呢子，胸前挂着白布片子。

16. 谜语：没门环的门一打开，没尾巴的狗跑进来。

17. 谜语：似牛非牛通体黑，六条腿上没蹄子。飞时连声叫，坐下把地刨。

18. 谜语：有个害人精，五月里露头。不是鱼虾不是兽，不是鸟也不是人。飞在空中哼哼哼，歇下来不作声。谁要朝它打一下，它就流血没了命。

19. 谜语：一个往下浇；一个往里咽；还有一个钻到外面。

20. 谜语：不会地上跑，不会往上看，不见什么窝，孩子有一帮。

21. 谜语：自己不吃不喝，却管全世界人吃饭。

22. 谜语：只要一串小铃铛，开出一串大铃铛。

23. 谜语：没有翅膀却会飞，没有脚丫却会跑，没有船帆却会飘。

24. 谜语：四个爱跑、两个好斗、还有一条鞭子乱抽。

公告栏：《森林报》编辑部
“火眼金睛”称号竞赛（一）

想获得“火眼金睛”荣誉称号的人，应该仔细研究我们在公告栏贴出来的图画。然后根据其形状、足迹和其他特征，判断出图画中所有树木、田野、水中和空中的鸟类和兽类。

“什么鸟在飞？”

空中飞过四只大鸟，如何辨别它们是什么鸟？

1. 左图是一只大白鸟，脖子很长，翅膀长在后部，尾巴很短，看不见脚。请问这是什么鸟？

2. 右图这只鸟跟前面那只鸟很像，但是个头儿小一些，脖子也短一些，颜色是灰色的。请问这是什么鸟？

3. 左图这只鸟的翅膀长在身体中间，前伸的脖子像根棍子，后伸的两只腿也像根棍子。请问这是什么鸟？

4. 右图这只鸟翅膀往下弯，脚伸在后面像两根棍子，脖子和头就像安在背上的大问号。请问这是什么鸟？

请为它们打造住处

我们那些大名鼎鼎的捕食害虫的健将——歌声优美的鸟，现在正忙着寻找孵小鸟的住宅呢！

在这里，我们恳切希望小读者们能伸出援手，帮助鸟们预备这样的住宅。

树干上枯枝脱落的地方会留下一个凹坑，把它深挖之后就变成了一个洞。在老树腐朽的树干上就更容易挖洞了。这样的洞挖好之后，山雀、红尾鸲、白腹鹟和其他喜欢在树洞里做巢的小鸟，如猫头鹰和黑啄木鸟等，就可以入住啦！

你还可以按照左图的方式，把灌木的树枝扎成一束，这样就可以给喜欢在灌木丛里做巢的小鸟预备好住宅啦！

右图中的巢则是给喜欢在浅树洞里做巢的灰鹟和红胸鸲预备的。

右图中这样的卧式树洞适合猫头鹰和寒鸦入住。

请问这些阔叶是什么树的叶子？这些针叶是什么树的叶子？

森林报 第三期

春三月：歌唱舞蹈月

5 月 21 日—6 月 20 日　太阳进入双子座

导读

充满活力的春末到来了，这个月里，花朵竞相开放，大地换上了绿色的衣裳，动物都更加活跃了。当布谷鸟和夜莺唱起歌，春天就该和我们告别了，因为夏天就要来了。

一年——分 12 个月谱写的太阳诗篇

5 月到了，尽情地唱吧！尽情地玩吧！春天已经认认真真地着手干起了第三件事——给森林披上新装。

从现在开始，森林里快乐的歌唱舞蹈月就要开始了！

太阳彻底赶走了盘踞在大地上的寒冷和黑暗，森林穿上五彩缤纷的艳丽长裙，开始载歌载舞。随着晚霞和朝霞握手言欢，我们北方的白夜跟着开始了。

生命把土地和水掌握在手中，又开始生机勃发，昂首生长了。

高大的乔木换上了绿色的新衣，零零星星的花朵开在绿色的草地上，就像散落在绿色天鹅绒上的彩色宝石。昆虫的薄翼轻轻颤动，轻盈地在空中飞来飞去。

清晨，薄雾散去，太阳公公从地平线上露出笑脸，长着金黄色翅膀的小蜜蜂们飞出家门，准备开始一天的工作。它们真是森林里最勤劳的小动物，每天飞来飞去不停忙碌着。

早上，太阳公公刚爬上枝头，森林里就开始热闹起来。野鸭、琴鸡、啄木鸟在森林上空盘旋，仿佛要比一比谁飞得最高；家燕和野燕穿梭在茂密的丛林里，追赶嬉戏；茶隼和云雀飞翔在田野上空，乍一看像哪个孩子放飞的风筝；雕和鹰在天地之间盘旋；调皮的云雀一边跳舞，一边还不忘模仿绵羊的叫声，它们可真不愧是“高空中的绵羊”。

傍晚来临，当其他动物开始陆续归家的时候，白天躲在家里睡大觉的夜鹰和蝙蝠却出门了。它们这是要出去找寻食物啦！

就像诗人们所写的那样："现在，所有的动物都沉浸在欢乐之中。树林里，肺草已经从厚厚的枯叶下钻出，闪烁着蓝莹莹的光芒。"

不过，5 月天气时暖时凉。白天阳光温暖明媚，到了夜里却会变得非常凉。在这个月份，有些时候，你会热到觉得树荫下简直就是天堂；有些时候，你却被冻得必须要烧火炕取暖。

因此，这个月又被称作"哎呀月"，就是因为冷的时候，它简直能把人冻得"哎呀！哎呀！"叫个不停。

快活的五月

5 月是春天的尾巴，夏天就快要到了，每只动物都想展示一下自己的勇敢、力量和灵巧。森林里，有的动物在忙着唱歌跳舞；有的动物已经开始忙着工作了。

除了忙碌之外，5 月里的动物们似乎也变得有些躁动不安。它们都摩拳擦掌，迫不及待地准备找谁打上一架。绒毛、兽毛、鸟羽漫天飞舞。因为这是春季最后一个月了。

夏天很快就要到来了。随之而来的，就是为筑巢和哺育后代而费心操劳。

村民们常说："春天其实很愿意留在我们这里，永远都不走。只是很快，夏天就会派它的信使布谷鸟和夜莺来，当它们唱起歌的时候，春天就必须依依不舍地离开了。"

林中大事记

导读

最快活的5月到来了，森林中也是十分热闹。我们会听到各种鸟儿的演奏：夜莺不分昼夜地吟唱，黄莺发出如笛声一般的叫声，啄木鸟化身鼓手发出“咚咚咚”的击鼓声。而此时，最后一批鸟儿也从南方飞回来了。它们的毛色五彩缤纷，很容易被发现，而现在森林里的花儿开得正艳，树木也绿叶繁茂，森林反而成了它们最好的庇护所。

林中乐队

到了这个月，夜莺开始放喉歌唱，白天唱，夜晚也唱，片刻也不休息。孩子们都觉得奇怪，它们什么时候睡觉呢？

春天，鸟儿们总是忙个不停，根本顾不上睡觉。鸟儿们的睡眠时间都很短，它们唱一会儿歌，打个盹儿休息一会儿，转眼又醒来，再唱一会儿歌。就算三更半夜，也才睡上一个小时，等到了中午再睡一个小时。

每天清晨和黄昏时分，都是森林乐队的演出时间。不单是鸟类，森林中所有的动物都在唱歌奏乐，尽情玩耍。它们各尽所能，放声歌唱。各用各的乐器，各唱各的歌曲，各有各的唱法，各有各的演奏方法。有的拉琴击鼓，有的吹笛弄箫。如果在森林中，你可以听到清脆的独唱声、合奏声，也可以听到汪汪声、咳咳声、嗷嗷声，尖叫声、哀叹声、嗡嗡声、咕咕声、呱呱声此起彼伏，不绝于耳。

歌声悠扬的是苍头燕雀、夜莺和鸫鸟，它们用清脆、纯净的声音高声歌唱着。甲虫唧唧啾啾叫着，狐狸和白山鹑哇哇叫着，鹿叫起来像有人在咳嗽，狼在嗥叫着，猫头鹰哼哼着，熊蜂和蜜蜂忙忙碌碌，嗡嗡不停。

就算不会唱歌的动物也不难为情。它们发挥所长，各显神通。

啄木鸟把坚硬的嘴当作鼓槌，把树干当作鼓，咚咚咚，正敲得不亦乐乎。天牛坚硬的脖子嘎吱作响，听起来就像有人在拉一把大提琴。蚱蜢用带钩的小爪子弹拨翅膀，它们的翅膀上有锯齿，能发出好听的声音。

棕红色的大麻鳽[1]把长嘴伸到水里，使劲一吹，开始吹泡泡，水咕咚咕咚地响起来，就像牛叫似的，响彻整个湖面。

最异想天开的要数沙锥，它们在森林上空模仿起了羔羊欢叫的声音。只见它们冲入云霄，张开尾巴，然后俯冲下来，尾巴上的羽毛兜着风，可以发出嗡嗡的声响。

真是一个精彩的森林乐队！

过 客

在乔木和灌木底下，离开地面不是很高的地方，顶冰花[2]开出了黄色的小花，星星点点，熠熠生辉。

早在树木枝头还是光秃秃的时候，春天的阳光还没有被树叶遮住，一直可以照到地面上，顶冰花就开始露面

[1] 鳽（héng）：鸟类，羽色平淡，多为沙灰色且缀有深浅不同的黄褐色斑纹。翼和尾部较短，喙细短而直，常活动于水泽或田野中。

[2] 顶冰花：多年生草本植物，花开 2 ~ 5 朵，呈伞形排列，生长于山坡和河岸草地，全株有毒，以鳞茎毒性最大。多生长在北方，因其在严寒中也可以发芽，故得名。“顶冰花”意为顶着冰霜却依旧能开出美丽的花。

了。与顶冰花做伴的还有盛开的紫堇花[1]。

紫堇花长长的花茎上长着茂密的青灰色小叶子，这些小叶子的边缘并不整齐，像锯齿一样。一束束淡紫色的小花就盛开在这些青灰色的小叶子之间，让整株紫堇花看上去就像一个身穿青灰色裙子的美丽姑娘，她那迷人的身姿令人心情愉悦。

5月，已经不是顶冰花和紫堇花最辉煌的时刻。由于生活在乔木和灌木丛下，厚重的树荫让它们的生存变得越来越艰难。不过，还好它们只是地上的过客，现在已经快到“回家”的时间了。

等到在地上一播下种子，它们就会重新启程，迅速回到地下世界去。从夏天开始，它们就幽居在地下。它们变成小小的、圆圆的球茎和块茎，可以在地下待上整整一个夏天、一个秋天和一个冬天。直到来年开春，它们才会再次回到地面上来。

如果你想把顶冰花或紫堇花请到自己家里做客，就要记住下面这三个注意事项。要是你有哪一项做得不好，这些美丽的姑娘可不会答应你的邀请。

[1] 紫堇花：别名断肠草，一年生草本植物，无毛，根细长，绳索状，茎高 10 ~ 30 厘米。生长于路边、林下等潮湿的地方。

首先，移植必须在它们枝头的花朵凋谢之前进行。其次，由于这些尊贵的客人有着非常长的地下根茎，所以在移植的时候一定要非常小心，不要把它们的根茎弄断了。最后，在气候比较暖和或者有东西覆盖的地方，顶冰花和紫堇花的球茎和块茎埋得比较浅，相对比较容易移植。要是不凑巧你想请的“姑娘”生活在冻土带，那你就要分外小心了，因为它们的球茎和块茎通常都埋得非常深。

——尼·巴甫洛娃

田野蛙鸣

有一天，我和一个小伙伴结伴穿过森林，去田里除草。我们正走着，听到一只鹌鹑的声音，它仿佛在跟我们说话：“卜齐卜咯齐[1]！”

我回答它说：“我们本来就是要除草去呀！”它好像没有听到我的话一样，还是一直对着我们大喊：“卜齐卜咯齐！卜齐卜咯齐！”

当我们走过池塘边时，看到两只青蛙从水中探出头

[1] 卜齐卜咯齐：拟声词，与俄语的“除草去”听起来相似。

争吵。只听一只青蛙对着另一只青蛙大喊："哆啦！哆啦[1]！"另一只青蛙也毫不示弱地反驳道："沙马卡卡瓦[2]！"它们谁也不肯让步，就这样鼓起耳朵后面的鼓膜，一直嚷嚷着。

我们终于来到田边，还没开始除草，就遇到了好奇的圆翅田凫[3]，它扑扇着翅膀向我们发问："齐伊维？齐伊维[4]？"

"我们从古拉斯诺亚尔斯克村来。"我们答道。

本以为这样就能满足它的好奇心了，没想到它却丝毫没有放过我们的意思，还是一直在旁边吵个不停。

——驻林地记者 库洛奇金（古拉斯诺亚尔斯克村）

海底鸣奏曲

以前，大家都以为鱼类不会发出声音，水底是一个静

[1] 哆啦：拟声词，与俄语的"傻瓜"听起来相似。

[2] 沙马卡卡瓦：拟声词，与俄语的"你自己又怎样"听起来相似。

[3] 田凫：又叫凤头麦鸡，分布在欧洲的温带地区，在湿地、草地中筑巢，每年 4 月出现在爱沙尼亚，9 ~ 10 月南飞。

[4] 齐伊维：拟声词，与俄语的"你们从哪里来"听起来相似。

默的世界。可是最近，海底音响收听装置——“水底耳朵”的发明却彻底颠覆了我们之前的认知。原来鱼类并不是不会说话，海底也并不安静。

有人把海底的声音录了下来，通过播放设备播放了出来。于是，我们听到了以前从来没有听到过的声响，混杂着呻吟声、哼哼声、咯咯声、喑哑的啾啾声、尖厉的嘎吱声，以及刺耳的唧唧声。虽然不能确切地说出哪种声音是哪种鱼发出的，可是听了这些声音之后，我们还是不禁感叹，原来每种生物都有属于自己的独特声音，鱼类也不例外。

“海底耳朵”——海底声呐装置的发明，让我们重新认识了海底世界。除此之外，它还有许多其他用处，例如，在它的帮助下，渔民就可以更加方便地探知什么地方聚集着有捕捞价值的鱼类，以及它们的洄游路线。这样，他们在捕鱼的时候就不会再毫无头绪、四处乱找了。

人们甚至设想，有一天可以通过模仿鱼的声音来诱捕鱼群，这个计划听起来够神奇吧。

护花使者

花粉像一位柔弱娇嫩的姑娘，不能受到雨水、露珠的侵袭。那么它是怎么保护自己的呢？

铃兰、覆盆子、越橘的花朵天生垂着头，像一个个挂在叶子之间的小铃铛，雨露怎么也伤害不到藏在“房檐”下的花粉。

金梅草的花是朝天开的，但是它的花瓣就像一个个向花心弯曲的勺子，这些排列得非常紧凑的勺子组成了一个严丝合缝的小球。雨水或露水即使落在花瓣上，也无法靠近花心，更别说伤害花粉了。

含苞待放的凤仙花为了保护花粉不受侵袭，它的花都躲在叶子下面。它还真是一个有心计的家伙：它将花梗架在了叶子的叶柄上，这样每一个花蕾都乖乖躲在了叶子形成的“屋檐”下面，即使下雨了也不怕。

野蔷薇和白睡莲保护花粉的方式是闭合花瓣。大风来临，雨水落下的时候，它们的花粉都躲在密闭的小房子里，自然是不怕外面的风雨的。

毛茛[1]的花在雨露中保护花粉的方法则是垂下头，

---

[1] 毛茛（gèn）：植物，须根多数簇生。茎直立，高可达 70 厘米。

每次下雨它就把头低下来，让花粉待在花瓣做成的“屋檐”下。

——尼·巴甫洛娃

林中小夜曲

一位驻林地记者写信告诉我们：“为了听一听你们在报纸上所说的森林乐队的演奏，我在晚上来到了森林。但是让我失望的是，除了乱糟糟的声音之外，我一点儿也没感受到森林乐队高超的演奏水平。”

他在信中还说，他在森林里听到了各种各样的声音，可是根本弄不清楚这些声音分别是哪些动物发出的，他不知道应该如何写这篇描写夜森林的报道。

我们让他把听到的声音直接描述出来，于是，他又在信中这样说：

“现在是半夜，不知道鸟儿是不是都去休息了，鸟儿的叫声变得稀稀拉拉，最终，周围终于安静了下来。后来，忽然从一片高地上传来了低沉、悠扬的琴声。起初，这琴声很小、很轻，逐渐变得越来越响，接着又变得低沉浑厚，最后又逐渐变小，轻轻地消失了。演奏结束了，四周再次安静下来。

“我觉得这个精彩的独奏，真算得上不错的前奏曲。不知道接下来还会有什么精彩的表演在等着我。正当我沉浸在对琴音的回味中时，林子里冷不防传来一阵令人毛骨悚然的笑声‘哈哈——哈哈！’瞬间，就像有一大群蚂蚁从我的背上爬过，吓得我起了一身鸡皮疙瘩。

“我想，这真是个狂妄的家伙，居然这样公开嘲笑刚才的那位演奏者，我倒要看看它有什么精彩绝活儿。

“林子里又安静下来了，我耐心地等了很久，也没有听到任何声音，心里正纳闷，演出不会已经结束了吧，我还没有欣赏够呢！

“过了好久，传来了一阵给留声机上发条的声音。原来这些粗心的小动物们忘记给留声机上发条，怪不得停了那么长时间。我又开始静静等待音乐再次响起。可是上发条的声音持续了很久。难道它们的留声机出了什么毛病？过了一会儿，上发条的声音总算停止了，期待的音乐声并没有传来，耳边响起的却是‘特了了，特了了……’的声音，没完没了，听得人不胜其烦。

“终于，这令人生厌的声音停止了，我以为终于要放唱片了，周围却响起了一阵掌声。真是一群爱捣乱的家伙，还没开始演奏呢，就故意这么大声地鼓掌。

“遇到这样爱摆架子的艺术家和爱捣乱的观众，我真是非常生气，没有再继续待下去，转身离开森林回家去了。”

其实，我们的驻林地记者用不着生气。

经我们辨别，他开始听到的开场独奏，大概是金龟子一类的甲虫在飞动。嘲笑金龟子琴音的狂妄家伙应该是大猫头鹰——灰林鸮[1]，因为只有它能发出如此让人毛骨悚然的令人生厌的声音。

给留声机上发条的应该是夜里活动的蚊母鸟，不过它可没有留声机，那声音是从它喉咙里发出来的。它是一个五音不全却爱好唱歌的家伙，听它唱歌简直令人抓狂。

鼓掌的也是它，它并不是真的在拍手，掌声是它在空中拍打翅膀时产生的。可是，它为什么要这么做呢？我们编辑部也没办法给出解释，因为我们自己也不知道，大概是觉得好玩吧。

刚唱完歌马上就给自己鼓掌，它可真是个自恋的家伙。

[1] 灰林鸮（xiāo）：鸟类。体羽呈褐色或茶色，以昆虫、鸟类、小型哺乳动物为食。

游戏和舞蹈

灰鹤在沼泽地里开起了舞会。

它们围成一个圆形舞台，其中一两只走到舞台中央，开始舞蹈。

开始还没什么，它们不过是在用两条长腿蹦高罢了。后来越跳越起劲，索性迈开大步，连蹿带跳，花样百出，跳出了奇奇怪怪的花步子。它们时而转着圈跳，时而跳跃起来。它们的舞步看上去就像踩着高跷在跳俄罗斯舞，真可笑。

面对如此可笑的舞姿，站在外圈的观众们却没有表现出一点儿嘲笑的意味，它们一直认真地扇动着翅膀，有节奏地为舞台中央的同伴打拍子。

猛禽的舞会是在空中举办的。

鹰隼的舞蹈与众不同，别有一番特色。它们会飞到高高的云端，再忽然收拢翅膀，像一枚石子一样从云端跌落下来。眼看它就要摔到地上了，所有人的心都提到了嗓子眼儿。出乎意料的是，它在快贴近地面的时候，忽然展开翅膀，身体僵在半空中一动不动，仿佛有根线拴着它，挂在白云下似的。有时候，它会在空中翻起跟头，一个接一个，简直成了在空中表演的小丑。它从天而降，一路翻着跟头向地面降落，做着“翻滚飞行”。

最后飞来的一批鸟

春天已经接近尾声，此时鲜花开满大地，乔木和灌木枝繁叶茂，大地早已脱去枯黄的外衣，换上了五彩缤纷的春装。

这时，最后一批鸟也从南方返回了。现在飞回来的，都是一些特别漂亮的鸟儿，它们穿着色彩斑斓的衣服，在景色最美的时候回到了列宁格勒。

翠鸟从埃及飞回来了，彼得宫[1]中的小河边出现过它们的身影。现在，它们依然穿着之前常穿的翠绿、浅棕、浅蓝三色相间的晚礼服。

树丛中，有几只长着黑色翅膀、毛色金黄的黄莺。它们从非洲南部赶回来，不仅貌美，而且多才多艺。它们的叫声像笛声一样，有时还会给大家模仿小猫惹人怜爱的

[1] 彼得宫：又称夏宫，曾是彼得大帝的避暑行宫，这里有宽阔的草坪、花园、喷泉和雕像，有“喷泉王国”的美称。

叫声。

在潮湿的灌木丛中，人们还看到蓝色胸脯的小川驹鸟和有着一身杂色羽毛的石雕正愉快地飞来飞去。金黄色的鹡鸰也已经返回了家乡，现在正在沼泽地里玩耍呢。

粉红胸脯的伯劳鸟、蓝绿相间的佛法僧鸟及五彩的流苏鹬都回来了。森林里多了这些美丽的身影，变得更加热闹了。

长脚秧鸡的徒步旅行

一种奇异的飞鸟——长脚秧鸡从非洲来到了这里。

长脚秧鸡不擅长飞行，它们飞起来很困难，而且飞不快。它们在飞行的时候，很容易被鹰和隼捕获，要是被这两种动物捕获就凶多吉少了。

不过，长脚秧鸡奔跑起来的速度很快，而且它们对于如何在草丛里巧妙地隐藏自己非常在行。

所以，它们宁愿用两条长腿跨越整个欧洲，一步一步悄悄走过草地和树丛。只有到了海边，无路可走的时候，它们才会张开翅膀飞行一小段，而且飞行的时间一般选在夜里。

现在，茂密的草丛里常常传来“克利克——克利克！克利克——克利克！”的叫声。你可以听见它们的叫声，但是如果想把它们从草丛里找出来，仔细看看它们是什么模样，那你可办不到！不过，你倒是可以试试，看看有没有什么好办法。

有的笑，有的哭

天气温暖，微风和煦。当所有生物都在快快乐乐地忙碌时，白桦却在森林深处哭泣。

在暖洋洋的阳光下，白桦的白色树干内的汁水流动得越来越快，透过树皮的孔渗到了外面。

人们把白桦的树汁当作滋补身体的良药，经常有人为了收集白桦树汁而割开树皮，让树汁从伤口中流出，这种做法对白桦的伤害非常大。

树汁是流动在树木身体内的血液，对树木来说非常重要。一旦流出太多树汁，它们就会干枯甚至死掉。

松鼠爱吃肉

5月，松鼠也开始出来觅食了。已经吃了一冬天的素食，每天不是吃松果就是吃去年秋天采回来的蘑菇。现在到了它开荤的时候了，可以想象它想吃肉的心情是多么迫切。

许多鸟儿已经在树上做了巢，生了蛋，有的甚至孵出了小鸟。这正中松鼠的下怀，只见它在树枝之间跳来跳去，一旦找到一个鸟窝，那小鸟和鸟蛋就不可避免地要沦为它餐桌上的美食了。

别看松鼠外表这么可爱，在破坏鸟巢这件事上，它表现出的残暴可不亚于其他凶猛的动物。

我们这儿的兰花

在我们这儿，兰花并不常见。当你看到它们的时候，不由得会联想到它那些大名鼎鼎的亲戚——长在热带森林里的迷人兰花。在热带森林里，在树上也能看见兰花。但是，在我们这里，兰花是长在地上的。

我们这儿的兰花种类并不多，它们的根系非常发达，但是模样长得很奇怪，像一只只张开手指的小胖手，紧紧地抓着大地，生怕大风把它们连根拔起。它们开的花有的很美，有的却一点儿也不好看。不过，无论哪种兰花——香子兰、舌唇兰、红门兰——都香气袭人，闻了令人陶醉不已。

最近，我在罗普什看到一种开着五朵美丽花朵的兰花。虽然第一次见到这种兰花，我却觉得它应该算得上兰花中的精品。我撩起一朵花想仔细看看，却发现在这朵花的花心停着一只红褐色的苍蝇，我马上把手缩了回来。

为了赶走这只讨厌的苍蝇，我用麦穗使劲拍了拍它，但出人意料的是，它居然停在那儿一动不动。我又仔细看了它一眼，才发现它原来不是一只苍蝇。虽然它长着一对和苍蝇一样毛茸茸的短翅膀，还有小脑袋和触须，可它却是兰花的一部分。它的表面非常柔滑，触摸起来像天鹅绒一样，身上还布满了浅蓝色的斑点。可能正是花心中这一只“苍蝇”的存在，人们才把它称作蝇头兰。

——尼·巴甫洛娃

找浆果

草莓成熟了。阳光下，哪里都能看见完全成熟的鲜红草莓浆果。它是多么香甜可口哇！你只要吃一口，就会回味无穷。

覆盆子也成熟了。覆盆子是所有浆果中最大方的，它的枝头挂着很多成熟的果实。沼泽地上，我们已经能够看到即将成熟的云莓。浆果里面最小气的是云莓，它的茎上最多只有一颗果实，有些云莓甚至只开花，不结果。

——尼·巴甫洛娃

它是什么甲虫？

我发现了一只甲虫，但是不知道它叫什么名字。我想让您帮我判断一下，它是哪种甲虫，吃什么东西。

它看上去跟瓢虫有点儿像，颜色却不是瓢虫的红色，身上也没有白色的斑点。这只甲虫通体漆黑，长着六只脚，身体比豌豆稍大一些，圆乎乎的，头顶上长着触须。它会飞，在后背上有一双黑色的硬翅，硬翅下隐藏着一对黄色的软翅。它先把硬翅抬起来，再展开软翅，就飞起来了。

最有趣的是，一旦它遇到危险，就会蜷缩起来，把爪子收到肚子底下，把触须和脑袋缩进身体里。小孩子们如果看到这样的它，估计会误认为这是一粒黑色的糖果。

只有感觉危险已经过去之后，它才会慢慢地伸出脚，接着探出脑袋，看看外面是什么情况。确定已经安全了，它才会把脑袋和触须彻底伸出来。

我非常想知道，这是什么甲虫，能告诉我吗？

——柳霞·留托宁娜，12 岁

编辑部的答复：

你把你见到的小甲虫描写得很仔细，所以我们一下子就判断出它是什么甲虫了。它是阎虫[1]，属盾蝽科。它爬得很慢，像乌龟一样行动迟缓，也像乌龟一样爱把头和触须缩进甲壳里。它的甲壳里有很深的凹陷，藏得下它的爪子、脑袋和触须。遇到危险时可以像乌龟似的把脑袋缩进

[1] 阎虫：阎虫的幼虫在树皮下生活，捕食林木中的害虫，很容易在粪便或动物腐尸堆中发现。

壳里。也是因为这个原因，它还有一个别名叫作小龟虫。

阎虫有很多种，除了你捉到的黑色的之外，还有许多其他颜色的阎虫。

有一种生活在蚂蚁窝里的黄色阎虫，浑身长着细毛。它们和蚂蚁是非常好的朋友，它们不仅能自由出入蚂蚁窝，而且每当遇到危险时，蚂蚁在保护自己的家不被敌人破坏的同时，也保护了家里的房客阎虫。

毛脚燕的巢

5 月 28 日

最近，我十分惊奇地发现在我房间的窗子对面，邻居家的屋檐下，有一对燕子在筑巢。我很高兴，因为这样我就能看到燕子是从什么地方找材料，又是怎样一点一点将它们精美的小窝建成的。它们什么时候做窝孵卵，怎样喂小燕子，我将会了解得一清二楚。

我一直留心观察，想知道燕子去哪儿找筑巢的材料。只见一只燕子径直朝着村外的小河边飞去，难道是去那里找材料去了？我跟了过去，发现它停在河岸上，抖了抖羽毛，用嘴叼起一块泥巴，立即衔着泥巴又飞回来了。

为了提高工作效率，它们竟然想到了轮流换班。一只燕子回来之后，另一只燕子马上就出门了。就这样，它们一点一点地把衔回来的泥巴糊在了屋檐下的墙上。

5月29日

今天一大早，我发现邻居家的屋顶上有一只毛发凌乱的大公猫。它浑身脏兮兮的，身上的毛被撕扯成一片一片的。它的右眼是盲的，大概是在和别的公猫打架时把右眼弄伤了。

只见它趴在屋顶上，目不转睛地盯着飞来的燕子，而且还不时地朝燕子窝瞄上一眼。大事不妙，难道它也对这个燕子窝感兴趣，那燕子岂不是很危险？

这时候，燕子们也意识到了危险正在靠近。当它们看到这只猫的瞬间，发出了惊慌的叫声，并且立即停止了工作。我不知道它们会不会因为这只猫的出现而离开这里。

6月3日

这几天，燕子们做好了窝的基座——薄薄的一圈儿，燕子窝已经像镰刀似的挂在了邻居家的屋檐下。现在，虽然还远远没有完成，但是单看基座就不难判断，这会是座坚固的房子。

不过，这几天，大公猫还是经常爬到屋顶上去窥视燕子们。燕子们一发现它，就立刻停工，这严重影响了它们的工作进度。

今天午后，燕子一直没有出现。我不禁怀疑它们是不是要换一个更安全的地方安家了。如果它们放弃这里的工程，那么我就什么也观察不到了。

一想到这个，我就感到非常沮丧。

6 月 19 日

这几天，天气一直很热。邻居家的屋檐下，燕子用泥巴做的镰刀形基座已经干了，颜色也从黑色变成了灰色。燕子很长时间都没有露面了，看来它们真的已经放弃了这个工程。

今天白天，忽然乌云密布，倾盆大雨从天而降。窗外仿佛挂上了一层由透明的雨柱编织而成的帘子。大街上奔流着雨水汇成的小溪。村外的小河已经泛滥，河水咆哮着快速向前流淌，漫上了河岸。河岸的稀泥淤积得很厚，脚踩下去快要没过膝盖了。

黄昏时分，雨终于停了。被雨水洗涤过的空气分外清新。我走到窗前，打开窗户。忽然，一对熟悉的身影从我眼前掠过。只见那对燕子飞到邻居家的屋檐下，在镰刀似的基座旁待了一会儿，又转身飞走了。

也许前一段时间它们之所以没有来，可能是因为河岸的泥土都干了，它们找不到做窝用的湿泥，并不是因为大公猫。如果真是这样的话，它们应该马上就回来了吧。

6月20日

回来了，它们果然回来了！不是一只，不是一对，而是整整一群。

今天，那对燕子带了一群同伴来参观它们还未完工的新家。这群同伴一直在房顶上盘旋，它们不时地朝屋檐下看一眼，叽叽喳喳地好像在给这个家提一些建议。它们在那儿议论了足足有十多分钟，最后一起飞走了。

这时，剩下的那只燕子来到了屋檐下。只见它用爪子紧紧抓住新房的基座，一动不动地停在那儿，用喙修整着什么，也许是在用黏稠的口水对基座进行加固。

我猜它是这个家的女主人。过了一会儿，男主人也飞回来了，只见它的嘴里衔着一块泥巴，它把泥巴递给了女主人，很快就又飞走了，只留下女主人在做窝。

那只讨厌的大公猫又来到了屋顶上，偷偷窥视着燕子们。燕子看到它，不像过去那样表现得很慌乱，也没有停下手头的工作。它们已经不再害怕这只大公猫了。

不管怎样，我总算看见燕子筑巢的完整过程了。也许，燕子们对大公猫不畏不惧，是因为它们确定大公猫的爪子够不到它们的窝。

——摘自少年自然界研究者的日记

白腹鹟的巢

5 月中旬的一天傍晚，8 时左右，我在自家花园里看到一对白腹鹟。它们停在白桦树旁边的板棚屋顶上。我在花园的白桦树上挂了一个带活动盖子的树洞形人造鸟巢。过了一会儿，公白腹鹟飞走了，母白腹鹟留了下来。它飞到我做的鸟巢上，但是没有进去。

两天后，我看到公白腹鹟又飞来了，它钻进了鸟巢，待了一会儿，又钻了出来，飞到了旁边的一棵苹果树上。

这时，一只红尾鸲飞来了，停在了鸟巢上。只见，公白腹鹟猛地从苹果树上扑过来，一场恶斗开始了。它们为什么打架？因为白腹鹟和红尾鸲都是在树洞里做窝的鸟，红尾鸲想抢占公白腹鹟的家园，公白腹鹟肯定不会答应。最终，红尾鸲被赶走了。

之后，这对白腹鹟夫妇住进了鸟巢，忙碌而快乐地生活着。公白腹鹟没日没夜地卖弄着自己的歌喉，在鸟巢里钻进钻出。

但是，这种平静的生活并没有持续多久，很快，一对苍头燕雀停在了白桦树的枝头上。我以为又一场恶斗即将开始，可这次公白腹鹟并没有理会它们。这是再明显不过的事情了，苍头燕雀不是白腹鹟的对手，鸟巢还是自己动手来做，它们可不住树洞，而且吃的东西也很杂。所以，在白腹鹟眼中，它们不是敌人。

两天后，真正的死对头出现了。

这天早晨，飞来一只麻雀。它停在白腹鹟的窝前，公白腹鹟一看见它便追着它冲进了鸟巢，它们在鸟巢里开始了一场恶斗。公白腹鹟肯定不会对这位不速之客手下留情。

鸟巢里忽然没了动静。我怕它们受伤，赶紧跑过去用木棍敲了敲树干，麻雀扑棱一声从鸟巢里飞了出来，却没有听到公白腹鹟的动静。难道那只公白腹鹟被麻雀啄死了?

这时，母白腹鹟一直在鸟巢附近盘旋，惶恐不安地叫着。我赶紧跑过去，朝鸟巢里看了看。两个鸟蛋完好地放在那里，公白腹鹟还活着，但它已遍体鳞伤。

之后几天，我都没有看到公白腹鹟的身影，也没听到它唱歌的声音。终于有一天，它飞出来了。它的样子非常憔悴，显得很虚弱，看得出来它身上的伤还没有痊愈。它落到地面上时，竟然遭到了几只母鸡的驱赶。

我担心它被母鸡攻击，就把它带回了家里，帮它处理伤口，并捉苍蝇给它吃。晚上，我又把它送回了它自己的窝。

又过了七天，我跑到白桦树旁去探望它们，却闻到一股腐烂的气味。旁边的母白腹鹟正在孵蛋，身旁躺着公白腹鹟。它紧紧地靠着墙，死了。

不知道是之前的伤势过重，还是后来麻雀又来找过麻烦。

我把公白腹鹟的尸体从鸟巢中拿出来，母白腹鹟一直在一心一意地孵蛋，直到把小白腹鹟平安地孵出来。

——伏洛佳·贝科夫

林间大战（续前）

导读

之前，云杉王国、山杨王国与白桦王国之间的生存大战一触即发，林间大战还在持续着，这一次，小云杉苗有没有成功抢占那片荒地呢？山杨和白桦能不能打败云杉，拿到自己的领地呢？

不知道你们是不是还记得，几位记者给我们写过那块林中树木被砍伐后的报道？树木被砍伐后出现了一片荒地，他们在那里生活了很久，一直在等待那里的荒地上再次长出一片云杉。

几场春雨之后，一个温暖晴朗的早晨，空地上钻出了许多挥舞着嫩绿色手臂的小家伙。记者们看到它们之后并没有十分兴奋，因为它们不是云杉的幼苗。

那这些绿色的小家伙都是些什么呢？

原来这些小家伙是横行霸道的野草——莎草和拂子茅。它们捷足先登，占领了这片荒地。小云杉们来晚了，这里已经没有它们生长的空间了。而且，这些野草长得又快又密，尽管小云杉们拼命地从下往上长，但是荒地已经被野草大军占领了。

这些勇敢的小云杉们并没有准备放弃。第一场大战开始了！

小云杉们举着锋利的矛——树梢，努力拨开挡在头顶上密密麻麻的野草，拼命往外钻。野草们也毫不示弱，它们仗着“人多势众”，不肯让步，它们压在小云杉们的身上，一点儿挪开的意思也没有。

地上在大打出手，地下也在大打出手，恶战正酣。

野草和小云杉的根缠在一起，就像穷凶极恶的鼹鼠在地下乱钻。它们你缠着我，我勒着你，为了抢夺富有营养和盐分的地下水。

好不容易探出头的小云杉们，在地下就活生生地被细铁丝一样的草根缠住了，草根柔韧而结实，小云杉们用尽全身的力气想拨开这些缠绕在身上的草根，见一见阳光，但这显然不是一件容易的事情。草根织成了一张结实的网，小云杉们伸出双手使劲撕扯，也没能完全摆脱它们的束缚。

能钻出地面并成功见到太阳的小云杉们，也遭到野草草茎的缠绕，面临被憋死的危险。

野草紧紧地缠住结实的云杉树苗。云杉树苗千方百计地往高处长，同时用尖利的树梢捅破富有弹性的草茎织成的罗网，但是野草死活不让云杉钻到上面去沐浴阳光。

那些侥幸从野草大军的魔掌中逃脱的云杉树苗，真可谓是幸运儿和佼佼者。

当荒地上的战斗进行得正激烈的时候，河那边的白桦树刚刚开花。但是山杨已经做好了出征的准备，它要登陆河对岸那块荒地。

山杨开花了，葇荑花序挂满它的枝头，每一个葇荑花序中都藏着几百颗种子。它们身体的周围包着一团毛茸茸的棉絮，非常轻盈，被风一吹，就会在空中翩翩起舞，像一个个带着白色降落伞的独角小伞兵。

风非常喜欢这些会跳舞的小家伙，一来就带着它们在空中转，跳着圆圈舞。当它们请求风带它们到河对岸的时候，风没有拒绝。风带着它们飞过荒地，到达了云杉国的边境。

就这样，种子们从四面八方降落，像雪片般降落在云杉和野草的头上。一场雨的到来，把它们冲洗下来，埋进了地下。于是，它们暂时消失了踪迹。

日子一天天过去，荒地上的战争还在继续。不过现在已经看得出来，野草已经败下阵来。

野草虽然努力伸展着躯干想长得更高，但是它们很快就停止了生长。而云杉却舒展着那长满黑黝黝、密密麻麻的枝叶，劈头盖脸地向野草压过来，压得它们再也见不到阳光。云杉越长越高，枝叶也越来越茂密。

现在，大家应该明白野草为什么那么拼命地阻止云杉钻到它们上面了吧。现在，它们已经开始受罪了。在云杉茂密枝叶的遮挡下，野草日渐枯萎了下去。在地底，云杉的根茎也越来越粗壮，野草完全不是它们的对手。但是一切已经无可挽回，野草很快就变得非常瘦弱，瘫软在地上。

云杉和野草之间的战争以野草的落败而告终，但是森林大战却并没有就此结束。

很快，山杨的种子也发芽了，只见它们一簇簇地钻出来，紧紧地挨在一起，显得战战兢兢，浑身哆哆嗦嗦。不过，很快它们就意识到，生存并没有那么容易。

此时云杉浓密的枝叶完全遮挡了它们头顶的阳光，虽然它们极力伸展躯体，但还是只能站在云杉的阴影里。小山杨不得不屈服退让，在阴影里无奈地憔悴下去，直至枯萎。

山杨是喜阳植物，离开阳光就无法生存。

在这场山杨与云杉的争夺战中，云杉又赢了。

正当云杉得意扬扬之际，荒地上又来了一批新的空降兵。它们是乘着双翅滑翔机来的——这是白桦的种子。它们嘻嘻哈哈地过了河，四面八方地散布在荒地上。它们也像山杨一样，一来就在土地中潜伏起来。

它们能不能战胜第一批占领军——云杉呢？我们的记者还不得而知。

我们会继续关注这场森林大战的战况，在下一期的《森林报》上我们将刊载有关它们的最新报道。

农庄纪事

导读

春天即将进入尾声，这个月我们在农庄看到的是辛勤的劳动者们。庄员们已经为来年的秋播作物做好了准备，少先队员们也在假期赶来帮忙，林场也将种植新森林，剪羊毛工人们也在给绵羊“理发”，大家都忙得不亦乐乎。

现在正是忙碌的季节，农庄庄员在播种完成之后，要把厩粪和化肥运到田里，把肥料撒到地里，为来年的秋播作物做好准备。接着，他们还要去菜园种菜。最先栽种的是土豆，然后是胡萝卜、黄瓜、芜菁和甘蓝等。这时候，亚麻已经长高，也该除草了。

这时候，孩子们也放假了。农庄里的农活儿这么多，他们当然也不能闲着。无论是田间，还是花园和菜园，他们都能帮上忙。他们每天帮着大人栽种、除草、除害虫、给果树修剪枝叶。农活儿可多呢！编扎白桦枝条扫帚的任务也是由他们完成的，他们要扎够一年用的白桦枝条扫帚。除此之外，他们还要摘野荨麻的嫩芽，用来做汤。这种嫩芽和酸模做的绿色菜汤非常好吃。他们还要捕鱼——小鲤鱼、斜齿鳊、红眼鱼、河鲈鱼、梅花鲈、小欧鳊鱼、小雅罗鱼等。捉小鲤鱼用网和渔篓，捉河鲈鱼、狗鱼、江鳕鱼用诱饵，捉其他的鱼就用鱼竿。

晚上，他们用捞网捕捞各种各样的鱼。将一根长杆的一端装上一个网框，网框装一个袋形的网，一个就做成了。捞网什么鱼都能捕到。

夜里，他们从岸上撒下捉龙虾的网袋，然后只要坐在篝火旁，静静等待龙虾聚拢过来就行了。几个人聚在一起谈天说地，讲讲笑话和恐怖故事，玩得不亦乐乎。

现在，秋天种的麦子已经齐腰高，春天播种的庄稼也已经长起来了。不知道有没有注意到，最近很久都没有在清晨听到野公鸡——山鹑唱歌的声音了。

它们并没有搬家，之所以不再唱歌，是因为雌山鹑正在孵蛋。为了防止自己的歌声把鹰、狐狸或者农庄里那些正在放假的淘气鬼们招来，这个时候，雄山鹑必须保持安静。因为那些家伙可都是掏鸟窝的高手。

——驻林地记者 安娜

帮助大人干活儿

假期一开始，我们少先队小队就开始帮大人干活儿了。我们给庄稼除虫，消灭虫害。

我们干活儿累了，就休息一下再继续，劳逸结合。

还有许多事情等着我们去干、要我们操心呢。庄稼很快就要收割了，到时候我们要去拾麦穗，帮着捆麦束。

——驻林地记者 安妮娅·尼基金娜

新森林

在俄罗斯的中部和北部地区，春季植树造林的工作已经告一段落。新的造林面积达到10万公顷左右。

今年春季，苏联欧洲部分的草原和森林草原地带，大片新护田林诞生了，总面积约 25 万公顷。

与此同时，农庄还开辟了大量的苗圃，这些苗圃可以为明年的造林工程提供约 10 亿棵树苗，这些树苗中不仅有乔木，还有灌木。

到了秋天，俄罗斯的林场将种植几十万公顷的新森林。

——塔斯社讯

集体农庄新闻

逆风来帮忙

突击队员们收到了一封从亚麻田里寄来的投诉信。亚麻幼苗抱怨说，地里出现了敌人——杂草，杂草在亚麻田里胡作非为，害得它们无法生存下去。

农庄立刻派出了一批女庄员去帮忙。她们动手整治了这些敌人，对亚麻幼苗百般爱护。

她们脱去鞋袜，光着脚，小心翼翼地迈着步子，迎着风前行。女庄员们踩过后，亚麻幼苗倒了下去。但是逆风一来，亚麻幼苗的细茎被风一推，又立了起来。

于是，亚麻幼苗满不在乎地又站起身来，而它们的敌人已经被消灭掉了。

今天第一次

一群小牛犊今天第一次被放到牧场上。

你看它们东奔西跑、摇头晃脑的样子，多么开心哪！

绵羊脱下大衣

在“红星农庄”的绵羊理发室里，10位经验丰富的剪羊毛工人正在用电推子给绵羊理发。

说是理发，可是他们那种剪法，仿佛要给绵羊剥掉一层皮似的——简直要把它们浑身上下的毛全给剪光了。

我的妈妈在哪里？

羊妈妈的一身羊毛都被牧羊人剪得精光。当羊妈妈被送回到小羊宝宝身边的时候，绵羊宝宝哭着喊着问："妈妈，妈妈，你在哪里？你在哪里？"

在牧羊人的帮助下，绵羊宝宝才找到了自己的妈妈。

接着，牧羊人又赶了一群绵羊去理发室剪羊毛了。

牲口群越来越壮大

农庄里的牲口群规模日益壮大起来。今年春天，出生了很多小马、小牛、小绵羊、小山羊和小猪。

昨天一晚上的工夫，小河村的小学生——小小牲口饲养员们的牲口群就扩大了四倍。原来他们只有一只山羊，现在他们有四只山羊了：山羊妈妈库姆什卡生了三只小羊崽儿——库扎、姆扎和施卡里克。

重要的日子

果园里，草莓已经开花了。低矮而滚圆的樱桃树上盛开着雪白的花朵。昨天，梨树上的花苞也开了。再过一两天，苹果树也要花满枝头了。

果园的好日子就要到了。

在“新生活”农庄里

昨天，“新生活”农庄池塘旁边的新园地里来了新住户——南方的蔬菜番茄。

以前，番茄都生活在温室里，昨天，它们和黄瓜苗都搬家了，池塘边的园地是它们的新居。在这片新园地上，它们成了邻居。

黄瓜苗还很瘦弱，它们躺在白色的棉被下，只敢把鼻尖露出来。而番茄苗已经长得很壮实了，绿色的花蕾已经探出了头儿，相信过不了多久，它们的枝头就会开满花朵。

土地母亲呵护着这些可爱的植物们，免得它们被馋嘴的鸟儿发现。娇弱的黄瓜苗可要快点儿长大呀，真不知道它们什么时候才能赶上番茄。

给六只脚的朋友帮忙

说到与农业有关的昆虫，我们就想起一大群身体虽小，但是对庄稼来说却十分可怕的敌人。但是，我们忘记了，与此同时，很多六只脚的朋友正在田里为我们干活儿。它们个头儿虽小，却数量众多。我们也忽略了它们在植物授粉方面所起的重要作用。

六只脚、长翅膀的昆虫数量繁多，有蜜蜂、丸花蜂、姬蜂、甲虫、蝇类、蝶类等，它们在田间的花丛中飞来飞去，帮助黑麦、亚麻、苜蓿、荞麦、向日葵等开花的植物授粉，把花粉从这朵花送到那朵花上。

虽然它们工作非常努力，但是田里开花的植物实在太多，它们的力气又太小，根本满足不了所有庄稼的需要。为了不累坏这些可爱的小劳动者们，让我们去田里帮帮它们吧。

为向日葵授粉是件很有意思的事，我们要事先准备好一小块兔子皮，然后把花粉收集到上面，对着正在开花的向日葵花盘一扑，就完成了。

给别的农作物授粉需要两个人一起合作。各自拉着一根长绳子的一端，让绳子拂过开花植物的枝头，这样这些植物就会弯下身体，它们的花粉自然就落了下来。这时，再借助风的力量，很容易就完成授粉这项工作了。

——尼·巴甫洛娃

阅读感悟

为了迎接秋天的收获，大家都辛勤劳动起来了。俗话说：“一分耕耘，一分收获。”只有在春天认真准备，勤劳播种，才会在秋天有回报。我们在学习和生活中，也要慢慢积累，厚积薄发，临时抱佛脚是不可取的。

都市新闻

导读

温暖的春末，有一群新客人来到都市——会说人话的鸟儿、从大海游到河里产卵的鱼儿、小蜻蜓组成的“云团”，还有在路上昂首阔步的斑胸田鸡。一切都在暗示着夏天就要来了！

列宁格勒的驼鹿

5月31日清晨，人们在密切尼科夫医院旁边发现了一头驼鹿。

这几年，驼鹿已经不是第一次出现在市区了。正如大家猜想的那样，驼鹿是从弗谢沃洛斯克区的森林里来到列宁格勒的。

鸟说人话

《森林报》编辑部来了一个人，他跟我们说：“早上在公园散步的时候，我听到灌木丛中传来洪亮高亢的声音，像是在问‘有没有看见特里什卡’？声音非常急切，让我以为有人在找特里什卡，但是转身看了半天也没找到一个人，只在灌木丛中看到一只红色的鸟。我打量了它一眼，心想：‘这是什么鸟，叫声那么清楚。它问的那个特里什卡又是谁？’它还在我耳边问那句话：‘有没有看见特里什卡？’我就朝它迈了一步，想走到它跟前看个究竟，没想到它却扑棱着翅膀飞到灌木丛中不见了。”

这位读者向我们请教，想知道他遇到的是什么鸟。

我们告诉他，这种鸟其实是红雀，它从遥远的印度飞来，是个非常有好奇心的家伙。它的叫声听起来确实很像人在说话。不过，每个人对它的叫声都有不同的理解，有人认为它是在问：“有没有看见特里什卡？”也有人认为它是在问：“有没有看见格里什卡？”至于它的真正意思是什么，我们就不得而知了。

海上来客

最近几天，大量的胡瓜鱼密密麻麻地从芬兰湾游到涅瓦河来了。它们是来涅瓦河产卵的。这可把渔民们累坏了，他们的渔网打捞到太多鱼了。

胡瓜鱼产完卵之后，又会游回大海。

海洋深处的客人

每年大海中都有许多鱼要回江河里来产卵，孵出来的小鱼又从江河游回大海。

只有一种鱼出生在深海，然后从深海游到河里生活。它的出生地是大西洋的马尾藻海[1]。这种稀奇古怪的鱼叫作铜板鱼。

[1] 马尾藻海：因漂浮马尾藻为主的藻类而得名，属北大西洋环流中心，海流弱，多低等海洋生物。

大家应该没有听说过吧？

这也难怪。这种鱼只有在它很小、生活在大海里的时候，才叫铜板鱼。

那时候，它们通体透明，连肚里的肠子都能看见。它们的两侧扁扁的，就像一片树叶，漂荡在海底。不过，等它们长大了，却变得像一条蛇了。

等它们长大了，大家才想起它们真正的名字——鳗鱼。

铜板鱼在大西洋的马尾藻海长到三岁。到了第四年，它们摇身一变，变成了玻璃一样透明的小鳗鱼。然后，它们成群结队，跟同伴一起游向2500公里外的涅瓦河。

试　飞

当你在大街上、公园或者街心花园行走的时候，不妨抬头看看，免得被树上掉下来的乌鸦和小椋鸟砸到头。这时候，小鸟们刚刚从窝里出来，正在学习飞翔呢！

斑胸田鸡在城里昂首阔步

最近几天，一到夜里，住在郊区的人们就能听到一阵断断续续的低声尖叫：“福奇——福奇——福奇！”起初，叫声是从一条沟里传来的，接着又从另一条沟里传过来。

原来，这是斑胸田鸡——一种生活在沼泽地里的雌田鸡正在穿过城市。

斑胸田鸡是长脚秧鸡的近亲，也是徒步跨越整个欧洲，来到我们这里的。

采蘑菇去

下过一场温暖的春雨后，你就可以到郊外去采蘑菇了。红菇、牛肝菌和白菇纷纷从土里钻出来了。

这是夏天长出来的第一批蘑菇，它们都被叫作抽穗菇。之所以叫这个名字，是因为它们出现的时候，正好到了越冬黑麦开始抽穗的时节。不久之后，一到夏末，它们就不见了。

一发现花园里的丁香花开始凋谢，就知道春天已经过去，夏天要开始了。

有生命的云

6月11日，列宁格勒涅瓦河畔的滨河大街上人来人往，散步的人很多，天上一丝云也没有，天气异常闷热。房子里和柏油马路上热得叫人喘不过气，孩子们也变得烦躁不安。

忽然，人们发现，一大团灰色的云从河对岸很远的地方飘来。

这团云飞得很低，几乎贴着水面而来。大家都停下脚步，抬头望着这团颜色奇怪的云，眼看着它越来越大。

终于，它发出的窸窸窣窣的声音让大家恍然大悟——这不是云，而是一大群刚刚出生的蜻蜓。

一眨眼的工夫，周围的一切都奇妙地变了样子。不计其数的翅膀扇动着，刮起了一股凉凉的清风。它们扇动着小翅膀在人们头顶盘旋。孩子们也不再淘气了，停下了正在玩的游戏，出神地望着这些可爱的小家伙。

阳光穿过它们透明的薄翅，在人们脸上留下无数细小的彩色光斑。空中闪着美丽的光，像彩虹似的。人们的脸也一下子变成了彩色——无数微小的彩虹、日影和亮晶晶的星星在他们脸上跳动着，仿佛有一群彩色的小精灵在他们身上欢快地跳舞。

这群小蜻蜓并没有因为人们的关注而多做停留，只见它们掠过人群，越飞越高，最终消失在房屋后面。

这是一群刚出生的小蜻蜓，它们正成群结队地去寻找新住处。它们从哪里来又要飞到哪里，没有人知道。

河边的奇幻世界消失了，孩子们又开始顽皮地嬉闹。

其实这种由小蜻蜓组成的“云团”很常见，只是我们很少注意它们从哪里出发，要飞去哪里。如果你想知道这个问题的答案，下次再见到它们的时候不妨留心一下。

列宁格勒出现的新野兽

近几年，在列宁格勒叶非莫夫区与邻近几个区的森林里，猎人们经常遇见一种以前从来没见过的动物。它们的个头儿跟狐狸差不多，模样像浣熊，当地的居民都说不认识这是什么动物，其实它们是乌苏里貉。

它们怎么会到这里来的？

答案很简单：它们是被火车运来的。

10年前（20世纪40年代），50多只小乌苏里貉乘火车来到了这里，被放进了我们的森林里。现在，它们已经大量繁育，数量很多，队伍已经非常庞大了。在我们的森林里，整个冬天都能看到它们的身影。政府已经允许猎人捕猎它们了。

乌苏里貉的毛皮非常值钱。与其他冬眠动物不同的是，冬天它们并不是一直待在窝里，当天气比较暖和时，它们会出来散散步。

欧鼹[1]

有人认为，欧鼹是啮齿类动物，跟所有地下鼠类一样，生活在地下，喜欢挖洞，吃植物的根部。不过，这可冤枉了欧鼹，它们根本不是鼠类。

与其说它们是鼠类，还不如说它们像穿着天鹅绒般柔软光滑的皮大衣的刺猬。它们以金龟子和其他害虫的幼虫

[1] 欧鼹：体大而肥胖，毛皮柔软，呈黑色或褐色，主要分布在农田、丘陵地带。

为食，不偷吃粮食，也从来不故意搞破坏。它们对我们人类是非常有益的。

有时，它们会在花园或者菜园里挖洞，翻出一堆土来，扔到一边。这会破坏花卉和可口的蔬菜，因此人们都很讨厌它们。不过，你可以在地上插一根顶端装有小风车的长杆子，这样，风吹起时，随着风车的转动，长杆子会带动土地一起颤动，听到这嗡嗡的响声，所有欧鼹都会马上四散逃跑。

——少年自然界研究者 尤拉

蝙蝠的回声探测器

一个夏天的夜晚，一只蝙蝠从打开的窗户飞进了一户人家。

“快点儿！快把它赶出去！”这户人家的小女孩惊恐万分，一边大叫着，一边用围巾裹住自己的头。

可是，秃头的爷爷不以为然地告诉她：“不要担心，蝙蝠是冲着亮光来的，它是不会钻到你的头发里去的。”

但蝙蝠真的是冲着亮光来的吗？

就是几年前，科学家们也不明白，在黑暗中，飞行的蝙蝠怎么不会迷路。

为了解答这个疑问，科学家曾经做过这样一个实验。他们把蝙蝠的眼睛蒙上，把蝙蝠的鼻子堵住，然后把它放在拴满细线的房间里。出乎意料的是，蝙蝠居然能成功地躲开科学家布置的“天罗地网”。

如果真如秃头的爷爷所说，蝙蝠是冲着亮光来的，那蒙上眼睛之后，它肯定就什么也看不到了，又怎么能灵巧地躲过科学家设置的障碍呢？

后来，回声探测器发明以后，我们才真正了解了蝙蝠辨别方向的秘密。原来它们是靠回声来定位的。蝙蝠们飞行的时候，会不停地发出一种人类耳朵听不到的声音，也就是超声波。超声波遇到障碍物之后会被反射回来，蝙蝠们的耳朵收到信号：“前面是墙！”或“有线！”或“有蚊子！”它们通过信号就能判断需不需要改变自己的飞行方向。

大部分物体反射超声波的性能都很好，只有又细又密的长头发反射超声波的性能很差。

所以，老爷爷对“蝙蝠不会钻到小女孩头发里”的判断也是不对的。蝙蝠很有可能把小女孩浓密的头发当作

“窗子里的亮光”了，所以才会朝其中的一扇窗扑过去。

给风评分

细细的微风最受大家的欢迎。

在炎热的夏天，如果一丝风都没有，我们会热得喘不过气来。完全没有风的时候，烟囱里的烟会笔直地向天空升上去。如果空气以每秒不超过 0.5 米的速度流动，我们就完全感觉不到风的存在，我们给这样的风打 0 分。

如果空气以每秒 1 ~ 1.5 米的速度流动，就会产生非常小的软风。在这种情况下，烟囱的烟柱在软风的吹拂下会向旁边稍稍倾斜。其实这个风速只相当于正常人步行的速度，并不是很快，可是我们仍然能够感觉到它，软风吹到脸上的时候，凉凉的，很舒服。我们给这样的风打 1 分。

轻风的风速比软风稍快，大概相当于正常人奔跑的速度。如果空气以每秒 2 ~ 3 米的速度流动，就会形成轻风。轻风会把树上的叶子吹得沙沙响。轻风能比软风更迅速地给我们带来凉爽，我们给这样的风打 2 分。

可以得到3分的是微风。微风的风速可达每秒4～5米，大约相当于马跑半小时的速度。微风不仅能把细树枝吹得左摇右摆，还能轻松吹动水中的纸船。

比微风稍微强劲一点儿的是和风。和风的速度是每秒6～8米。当吹起和风时，道路上尘土飞扬，粗树枝会轻轻晃动，大海也会泛起些许波浪。和风能得4分。

清劲风的威力要比以上几种风都要大，它的风速是每秒9～10米，与乌鸦的飞行速度相当。清劲风能使海上波涛汹涌，树梢剧烈摇摆，甚至细树干也会随风摇曳。清劲风能得5分。

如果说清劲风的嚣张还在我们可以忍受的范围内，那么强风就实在有点儿过头了，我们给它打6分。它不仅故意搞破坏，用力摇动树木，还能吹掉晾在绳子上的衣服，吹走人们头顶的帽子，把排球吹得偏离方向，妨碍比赛的顺利进行。它的风速非常快，每小时可达到11～12千米。

好在气象学家采用的是12分制，如果用的是学校的5分制，那我们就没有办法给强风打分了。

打靶场：第三次竞赛

1. 哪些甲虫用它出现的月份来命名？

2. 蚱蜢靠什么发声？

3. 沙锥用什么发出“咩咩”的叫声？

4. 为什么棕红色的雄麻鸻被称为“水中的公牛”？

5. 蜘蛛有几只脚？

6. 甲虫有几对翅膀？

7. 哪种鸟从南方到我们这里，大部分路程是靠徒步行走的？

8. 椋鸟孵出小鸟以后，把碎蛋壳扔到哪里去？

9. 谁的耳朵长在小腿上？

10. 什么鸟的叫声像猫叫？

11. 青蛙卵和癞蛤蟆的卵有什么不同？

12. 长脚秧鸡有多高？

13. 什么鸟的叫声像狗吠？

14. 什么鸣禽最后飞到我们这里？

15. 丁香开花的时间在春季还是夏季？

16. 谜语：树林底下，闹闹腾腾；树林中间，有谁打钉；树林上面，烛火通明。

17. 谜语：走路的用得着它，赶车的用得着它，有病的也用得着它。

18. 谜语：白得像雪，黑得像铁，绿得像树叶。打起转来像中了邪，爬起树来像人们爬台阶。

19. 谜语：网子一面，不用手编。

20. 谜语：又长又细，落到草里，自己躲起，儿子出来游戏。

21. 谜语：我不来时求我来，等我来了躲起来。

22. 谜语：小牛般大没有角，脑门儿宽眼梢细，不让碰，不让摸，牲口群里有它了不得。

23. 谜语：刚出世的小娃娃，长着胡子一大把。

24. 谜语：三个朋友在一起，一个跑不停，一个躺着不动，一个摇摇摆摆。

公告栏：表演和音乐

“火眼金睛”称号竞赛（二）

快来看！

在偏僻的树林里，长满了青草和芦苇的小湖上，可以看到有趣的表演。要看这个表演，得在湖岸上搭一个小棚子，躲在里面。

在晴朗的黎明时分，从青草丛里游出两个服装华丽的演员。这是两只鸟，有很细的红嘴巴。它们长得漂亮极了，蓬松羽毛做的华美大领子盖住了面颊，在初升的阳光下闪烁着金属光泽。这是两只潜鸟，也就是䴙䴘。你得老老实实坐着，看它们有什么样的演出。

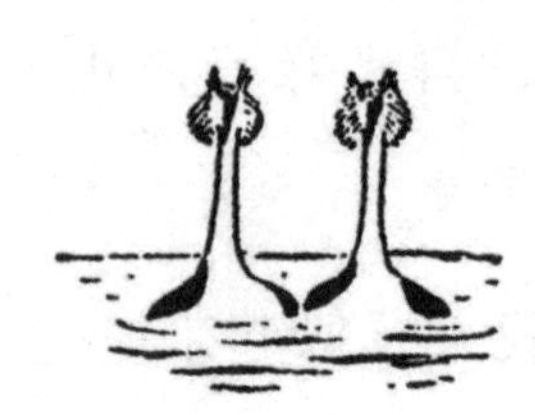

你看，它们好像排着队的士兵，肩并肩出场了。忽然，好像听见一声“齐鞠躬”的号令似的，一下子就向后转，各自分开，然后猛地转过身，面对面鞠起躬来，像跳舞似的。

接着，它们各自伸长脖子，扬起脑袋，张开嘴，好像在发表庄严的演说。突然，它们一齐嘴巴朝下，一下子扎到水里，连一个水泡都没有！

大概过了一分钟，它们先后从水里钻出来，挺着长长的身子站起来，好像站在地上一样，彼此给对方嘴里送去一片从水底下掏出来的绿藻，好像在交换两条绿手绢。

看到这么精彩的表演，你会禁不住给它们鼓起掌来。但是，这一鼓掌就把它们吓跑了——它们都消失在芦苇丛中。

一、如何根据水面上的姿势辨别潜鸭和浅水野鸭？

二、下面有两种兔子：灰兔和雪兔。冬天，很容易分辨它们，可是夏天一到，它们都变成了灰色，那该如何辨别它们呢？

三、下面有三种小兽，它们的名字分别是什么？有什么区别？

四、右图中有三种蛇和一条没有脚的蜥蜴。你能分辨出哪一条是蜥蜴吗？三种蛇中哪种有毒？分别用什么咬人？哪种蛇是无毒的？

附　录

打靶场答案

打靶场：第一次竞赛

1. 从 3 月 21 日开始。

2. 脏的雪，因为它的颜色比较深。深色能吸收更多的阳光。（夏天戴黑帽子最热）

3. 春天皮毛丰厚的兽类正在换毛，失去了稠密而暖和的绒毛。这样的皮毛价值就不高。此外，春天野兽还要养育幼崽。

4. 飞虫。蝙蝠在它们所要捕食的飞虫飞出来以后才出现。

5. 款冬、獐耳细辛、雪花莲。

6. 白色山鹑。它们的羽毛冬天是白色的，春天是带花斑的。

7. 在雪融化之前、换成灰色的时候，或当大地在雪兔换毛前、树叶落尽时。

8. 睁着眼睛。

9. 生长在树木稠密、光线暗淡的森林里的树木，会迅速向高处和有光的方向生长，且下层没有叶子。生长在开阔的旷野里的树木，枝叶向四面伸展得很开，且下层有叶子。

10. 鹟鷴幼崽。它的体长一共才 3.5 厘米（无尾）。

11. 鹪鹩和戴菊。它们身长几乎相同，比斑蜻蜓小。

12. 吃谷类和浆果的鸟喙厚实而坚硬，以便啄开果核儿；吃昆虫的鸟喙薄而软；吃小兽和鸟的鸟喙呈钩形，以便撕咬肉块。

13. 交嘴鸟。

14. 这是一棵冬天被兔子啃光了树干中部树皮的树。冬天的积雪厚达一米，兔子不可能从根部啃到树皮。

15. 3月21日春分日和9月21日秋分日。

16. 冰锥。

17. 春季，来自太阳的温暖。

18. 雪，雪化了以后溪水奔流，喧响。

19. 马儿是指河水，车辕是指岸。

20. 大地。冬天，大地盖着白雪；春天，大地开满鲜花。

21. 雪。

22. 今天。

23. 鹿。

打靶场：第二次竞赛

1. 羊肚菌和鹿花菌。

2. 因为耕地机的犁会从土里挖出许多蚯蚓、甲虫的幼虫和其他昆虫，白嘴鸦会跟在后面捡起来吃。

3. 喜鹊窝是圆的，有盖；乌鸦窝是扁平的，呈盘状。

4. 那种不织网捕捉猎物的蜘蛛。

5. 家燕。

6. 在小树林、花园和树洞里。

7. 因为骑在牛背和马背上能为筑巢而取毛，并能从牛和马的皮肤里啄出昆虫及其幼虫吃。

8. 家鸭和家鹅的祖先是候鸟。春天，天鹅、野鸭飞经的时候，家养的鹅和鸭就会很郁闷，它们也向往着飞向远方。

9. 春天，突然泛滥的河水会淹没在地面筑巢的鸟的卵和幼鸟，所以它们会遭受苦难。

10. 狗鱼。大型的狗鱼在 4 月底游会到春水泛滥的水域中很浅的地方产卵，甚至连背脊都露出了水面。这时偷猎者就会对它们开枪射击。

11. 爬虫类。因为它们是冷血动物，在寒冷中它们就僵滞不动了，而鸟类只要吃饱了就不怕冷。

12. 前舌尖。

13. 生活在开阔地带的鸟类翅膀狭窄、长而尖。生活在密林中的鸟类翅膀不可能是长的，否则鸟翅会被树枝和树干绊住。生活在密林中的鸟类翅膀宽、短而圆。图中的翅膀分别是海鸥和喜鹊的。

14. 虾。

15. 雨燕和家燕。

16. 蜂箱；蜜蜂。

17. 甲虫。

18. 叮人的蚊子。

19. 下雨；土地吸水；草儿生长。

20. 鱼。

21. 大地母亲。

22. 铃兰的花蕾和花。

23. 云。

24. 牛的四条腿、两只角、一条尾巴。

打靶场：第三次竞赛

1. 5月和6月出现的金龟子。

2. 蚱蜢靠腿和翅膀来发声。蚱蜢的腿上有锯齿状的刺，翅膀上有钩。它们发出的啾啾声来自腿和翅膀的摩擦。

3. 尾巴。

4. 因为雄麻鸦的叫声像公牛的哞哞叫。

5. 八只。

6. 两对。甲虫外层的一对翅膀硬而厚，主要用于保护里翼，里翼用于飞行。

7. 长脚秧鸡。

8. 椋鸟孵出小鸟后，用嘴从窝里把碎蛋壳叼走，扔到离窝很远的地方。

9. 蚱蜢。蚱蜢的听觉器官不在头部，而在前腿的小腿上。

10. 黄莺。

11. 青蛙卵结成凝胶状的一大团，自由地漂浮在水中；癞蛤蟆的卵附着在凝胶状的带状物上，这些带状物附着在水草上。

12. 约 29 厘米高。比椋鸟稍大，比鸽子略小。

13. 白山鹑的雄鸟。春天求偶时，它们会发出像狗吠的声音。

14. 羽毛色彩鲜艳的鸟。它们飞到我们这儿时，树木披上了亮丽的新叶。

15. 春季。从丁香花凋谢的时候起就被算作进入夏季了。

16. 蚂蚁、啄木鸟、星星。在蚁穴中，蚂蚁忙得热火朝天；啄木鸟啄树仿佛铁匠打铁；夜间，森林上空闪烁着星星，犹如点点烛光。

17. 白桦树。行人砍下白桦树的枝条当拐杖；赶车的人用白桦树的枝条当马鞭；病人喝白桦树汁治病。

18. 喜鹊。

19. 蜘蛛网。

20. 雨。雨落在草丛里，汇成小溪流出。

21. 雨。

22. 狼。

23. 山羊。

24. 河水，河岸，岸边的灌木丛。

“火眼金睛”称号竞赛答案

竞赛（一）

“什么鸟在飞？”

1. 天鹅。在飞行中，它笔直向前伸出自己长而柔软的脖子，因此看起来似乎翅膀在后面，而短短的双腿被它收拢了，所以看不出来。

2. 雁。它在飞行中像天鹅，但它的脖子要短得多，它整个身体都比较小，是灰色的。

3. 鹤。它在飞行中，无论脖子还是双腿都像棍子一样保持笔直。

4. 苍鹭。很容易把它和鹤区别开来，因为它在飞行中弯着脖子，而且翅膀也弓得厉害。

这些阔叶是什么树的叶子？这些针叶是什么树的叶子？

依次为：白桦、赤杨、椴树、白杨、椤树、柳树、槭树、橡树、榛树、松树的针叶。

竞赛（二）

一、图左侧是潜鸭。它浮在水面上时，身体的后部浸入水下，潜水时整个身体钻入水中。图右侧是浅水野鸭。它浮在水面上时，身体的后部稍稍高出水面。觅食时它只把身体前部向下翻入水中，就如家鸭一般。

二、图左侧是雪兔。它的耳朵比较短，如果将耳朵向前弯，则碰不到鼻尖。它的爪子很宽，尾巴呈圆形，尾尖附近有黑色小斑点，身体呈灰色。

图右侧是灰兔。夏季很容易将它和雪兔区别开来，因为它整个身体比较大，毛色呈棕红或淡黄，耳朵长长的；如果把耳朵向前弯，则耳尖超过鼻尖。腿短，尾巴比雪兔的长，身上有个长长的黑色斑点。

三、图左侧是鼩鼱。它是一种捕食昆虫的很有益处的小兽。

图中间是老鼠。它是一种有害的啮齿动物。

图右侧是田鼠。它也是一种有害的啮齿动物。

这三种鼠形小兽根据下列特征很容易区别开来：鼩鼱的嘴像个长鼻子向前突出，而且身体弓起，眼睛隐在皮毛中几乎看不见。老鼠和田鼠的脸上没有长鼻子，老鼠尾巴长，田鼠尾巴短。

四、左上：无毒的游蛇。右上：有毒的灰色蝰蛇。

温和而有益的无毒游蛇在头的两侧看得见黄色的斑点。在非常危险而有毒的蝰蛇的灰色背脊上明显地看得出“罪犯的烙印”：有锯齿形的黑色花纹。

左下：非常有益的无脚蜥蜴，名叫蛇蜥。右下：黑蝰蛇。

别把黑蝰蛇和游蛇混淆。黑蝰蛇的头上没有黄色斑点。你可以把蛇蜥像游蛇一样拿在手上，因为它没有毒牙，丝毫不会对你怎么样，但是如果你抓住它的尾巴，它会像普通蜥蜴那样把尾巴留在你手里。

如果你抓蝰蛇的尾巴，它会猛然回头把毒牙扎进你的皮肉，被它咬伤后你会中毒甚至死亡。所以要好好地学会区别蝰蛇（它们往往有各种颜色：从浅灰色到乌黑色）、游蛇及蛇蜥。

蛇不会像蜜蜂和黄蜂那样蜇人：把蛇分叉的舌头当作蜇人的毒针是不对的。其实毒蛇的毒液是在牙齿里。

扫二维码，下载《森林报·春》题库

童趣文学 经典名著阅读

中国现当代文学

《繁星·春水》
《寄小读者》
《小橘灯》
《宝葫芦的秘密》
《大林和小林》
《城南旧事》
《呼兰河传》
《稻草人》
《骆驼祥子》
《朝花夕拾》
《鲁迅杂文》
《最后一头战象》
《背影》
《神笔马良》

中国古典文学

《三国演义》
《水浒传》
《红楼梦》
《西游记》

经典国学

《中国古今寓言》
《中国古代神话故事》
《唐诗三百首》
《中国民间故事》
《畅学古诗词 75+80 首》
《千字文》

外国经典文学

《爱的教育》
《木偶奇遇记》
《格林童话》
《绿山墙的安妮》
《汤姆·索亚历险记》
《吹牛大王历险记》
《绿野仙踪》
《猎人笔记》
《钢铁是怎样炼成的》
《假如给我三天光明》
《格兰特船长的儿女》
《鲁滨孙漂流记》
《老人与海》
《爱丽丝漫游奇境记》
《地心游记》
《安徒生童话》
《名人传》
《八十天环游地球》
《昆虫记》
《福尔摩斯探案集》
《简·爱》
《童年》
《海底两万里》
《荒野的呼唤》
《西顿野生动物故事集》
《克雷洛夫寓言》
《列那狐的故事》
《尼尔斯骑鹅旅行记》
《长腿叔叔》
《小飞侠彼得·潘》
《伊索寓言》
《小鹿斑比》
《森林报·春》
《森林报·夏》
《森林报·秋》
《森林报·冬》
《居里夫人自传》
《小王子》
《海蒂》
《安妮日记》